JN192141

原場面に着目した数学的モデリング能力に関する研究

Study of Mathematical Modelling
Competencies Focused on Gen-Bamen

フッサール現象学の方法と応用反応分析マップを援用して

Using the Method of 'Phänomenologie' by Husserl, E. in the Middle
Latter Period and Applied Response Analysis Mapping

松嵜昭雄 著

共立出版

まえがき

　学習指導要領改訂の時期を迎え，学習指導要領の改善に係る検討に必要な専門的作業等協力者として高等学校数学科の改訂作業等に，また，中学校数学科用教科用図書の執筆に携わっています。そのような折，本書を刊行することができたことは時節到来であると感じています。

　『小学校学習指導要領解説 (平成 29 年告示) 算数編』，『中学校学習指導要領解説 (平成 29 年告示) 数学編』には，平成 28 年 12 月に中央教育審議会の「幼稚園，小学校，中学校，高等学校及び特別支援学校の学習指導要領等の改善及び必要な方策等について (答申)」で示された「算数・数学の問題発見・解決の過程」が掲載されていて，問題解決の過程を重視した数学的活動の展開が期待されています。この図式は，一見すると，【現実の世界】における日常生活や社会の事象から数学的に表現した問題への数学化の過程に目が奪われがちですが，私見では，【数学の世界】における数学の事象から数学的に表現した問題への数学化の過程を明示してあることも見逃すことはできません。【現実の世界】において日常生活や社会の事象を数理的に捉え，数学的に処理したり，【数学の世界】における数学の事象について統合的・発展的に考えたりして，問題解決者が解決できる数学的に表現した問題に数学化する過程では，モデルの役割は非常に大きいと言えます。このような算数科・数学科で育成すべき資質・能力の 1 つとしてモデリング能力は必須です。

　本書は，東京理科大学科学教育研究科博士後期課程に提出した学位 (博士) 申請論文『原場面に着目した数学的モデリング能力に関する研究――フッサール現象学の方法と応用反応分析マップを援用して――』(博士 (学術)・東京理科大学 (第四号)，授与 2015 年 9 月 30 日) に，加筆・修正したものです。そのため，

本文中では，学位 (博士) 申請論文の研究主題に対する性質上，あえて「本書」ではなく「本研究」のまま記載しています。第 1 章第 1 節 (2) では，本研究の立場として，近い将来，わが国の算数・数学カリキュラムに数学的モデリングが積極的な導入を前提としています。この前提下では，数学的モデリングの評価は火急の要請課題であり，本研究は，数学的モデリングの評価の一助として，数学的モデリング能力に対する新たな視点を提供しています。本研究の成果は，これまで見逃されていた数学的モデリング能力を補記することができた点です。研究を進めるにあたり，独立行政法人日本学術振興会の平成 26–28 年度科学研究費助成事業 (科学研究費補助金) 若手研究 (B)(課題番号 26780492)「現実世界の課題場面からの問題設定を通じた数学的解決における原場面の機能」の支援を受けることができました。

本書は，独立行政法人日本学術振興会の平成 30 年度科学研究費助成事業 (科学研究費補助金) 研究成果公開促進費 (学術図書：課題番号 18HP5233) の出版助成を得て，自然科学書・数学書の老舗である共立出版から出版頂くことができました。取締役編集担当の信沢孝一様が出版助成手続きを支援下さり，編集部の大越隆道様に協力頂き，そして編集部の三浦拓馬様が懇切丁寧に編集を進めて下さいました。出版に際して，お礼申し上げます。

2018 (平成 30) 年 9 月　松嵜昭雄

目　次

まえがき……………………………………………………………………… iii

第1章　はじめに　　　　　　　　　　　　　　　　　　　1

第1節　研究意図 ……………………………………………………………… 1
第2節　研究目的・方法 ……………………………………………………… 6
第3節　第1章のまとめ ……………………………………………………… 7

第2章　数学的モデリング能力の枠組み　　　　　　　15

第1節　数学的モデリング能力の規範的枠組み …………………………… 15
第2節　数学的モデリング能力の記述的枠組み …………………………… 25
第3節　第2章のまとめ ……………………………………………………… 30

第3章　新たな数学的モデリング能力の枠組みの提案　　35

第1節　原場面に着目した数学的モデリング能力の枠組み …………… 35
第2節　フッサール現象学の方法を視点とする原場面の機能 ………… 42
第3節　第3章のまとめ ……………………………………………………… 47

第4章　数学的モデリング能力についての実験調査　　51

第1節　数学的モデリング能力についての実験調査の設計 …………… 51

vi 目 次

第2節 数学的モデリング能力についての実験調査におけるモデリング
の概要 ……………………………………………………………… 56

第3節 第4章のまとめ ………………………………………………… 78

第5章 原場面に着目した数学的モデリング能力の特定　83

第1節 応用反応分析マップによる数学的モデリングの視覚化 ……… 83

第2節 原場面の役割に着目した規範的枠組みにもとづく能力の特定　102

第3節 原場面の機能に着目した記述的枠組みにもとづく能力の特定　122

第4節 第5章のまとめ ………………………………………………… 133

第6章 おわりに　135

第1節 本研究の成果 …………………………………………………… 135

第2節 今後の課題 ……………………………………………………… 140

付録 数学的モデリング能力の実験調査に関する資料　143

付録A 実験調査ワークシート ………………………………………… 144

付録B 被験者IHの実験調査データ ………………………………… 151

付録C 被験者NTの実験調査データ ………………………………… 157

あとがき　173

索　引　175

第1章

はじめに

本章では，数学的モデリング研究を概観し，本研究の位置づけを明らかにする。

第1節では，数学的モデリングの評価の研究と数学的モデリング能力の研究のレヴューをもとに，研究意図と本研究の意義について述べる。

第2節では，本研究の目的・方法について述べる。

第1節　研究意図

数学的モデリングは，「現実世界における問題の解決を1つの目標として，問題から何かしらのモデルをつくり，その問題を数学的な問題へと翻訳し，数学的手法を用いてその問題の解答を導き，得られた解答を手がかりとして，もとの問題の解決を試みる，一連の活動を指す。その際，問題解決者は，より良い解決を目指して何度も繰り返し検討を重ね，導き出した解答に納得のいくまでモデルの修正や改善をおこなう活動」(松嵜, 2008, p.120) である。三輪氏による論文「数学教育におけるモデル化についての一考察」(三輪, 1983) を契機として，わが国の数学的モデリング研究は展開されてきた：指導目標 (池田, 1999, 2000, 2004, 2009)，教育課程・カリキュラム (池田, 1999; 松嵜, 2014)，指導法 (池田・浜, 1992; 池田・山崎, 1993; 西村, 2012)，テクノロジーを用いた実践 (Isoda et al., 1998; Isoda & Matsuzaki, 1999, 2003; 松嵜・礒田, 1999; Matsuzaki, 2010; 松嵜, 2011; Matsuzaki & Ide, 2013; 大澤, 1996; 太田, 1997; 佐伯, 2000, 2002, 2005)，他教科との関連 (Matsuzaki, 1998; 松嵜, 1999; 松嵜・長野, 2003; 佐伯, 2002)，評価 (Ikeda et al., 2007; 松嵜, 2001, 2008; 西村他, 1997) 等である。そして，これまでの数学的モデリング研究の総括 (例えば，池

田, 2010, 2013; 柳本, 2011) も進められ，わが国の現状に即した数学的モデリング研究の方向も示唆されている (池田, 2013)。

上記のようなわが国の数学的モデリング研究を取り巻く状況に鑑み，筆者は数学的モデリングの評価の一助となる研究に取り組んでいる。次に，数学的モデリングの評価の研究をレヴューする。

(1) 数学的モデリングの評価の研究と課題

経済協力開発機構 (OECD) による生徒の学習到達度調査 (略称 PISA 調査) における数学的枠組みの理論的根拠として「数学化サイクル」が示されている (図 1.1)。

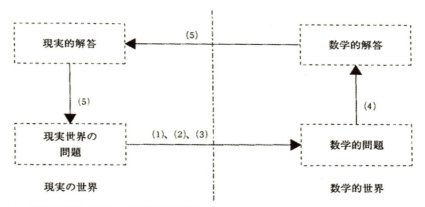

(1) 現実に位置づけられた問題から開始すること。
(2) 数学的概念に即して問題を構成し、関連する数学を特定すること。
(3) 仮説の設定、一般化、定式化などのプロセスを通じて、次第に現実を整理すること。それにより、状況の数学的特徴を高め、現実世界の問題をその状況を忠実に表現する数学の問題へと変化することができる。
(4) 数学の問題を解く。
(5) 数学的な解答を現実の状況に照らして解釈すること。これには解答に含まれる限界を明らかにすることも含む。

図 1.1 数学化サイクル (国立教育政策研究所, 2004b, p.29)

数学化に携わることができるためには，総合的な数学的能力が必要であるとして8つの能力があり，その中の1つに「モデル化 (Modelling)」能力がある；

> 4. モデル化 (Modelling)：これには，① モデル化される場や状況を構造化すること，② 「現実」を数学的構造へと変換すること，③ 「現実」という観点から数学的モデルを解釈すること，④ 数学的モデルを扱うこと，⑤ モデルを検証すること，⑥ モデルとその結果についての批判を熟考し，分析し，提供すること，⑦ モデルとその結果 (結果の原因を含む) について伝達すること，及び ⑧ モデル化の過程を監視し，統制すること，が含まれる。

(国立教育政策研究所, 2004b, p.31)

数学的リテラシー分野を構成する3つの領域のうち，「プロセス」領域は，最も重要なこととして，「問題が生み出される現実の世界を数学に結び付け，これによって問題を解決するために活発に働かせなければならない能力」(国立教育政策研究所, 2004a, p.22) とされている。この「プロセス」をもとに特徴的な能力 (the competencies) が同定されており，数学的モデリングの評価への重要な示唆となっている。実際，数学的リテラシーは数学的モデリング能力の一端を映し出している (Henning & Keune, 2004; Turner, 2007)。

数学的モデリングの評価は，2000年に東京／幕張で開催された第9回数学教育世界会議 (9th International Congress on Mathematics Education) のTSG9「数学的モデリングおよび数学と他教科との関わり (Mathematical Modelling and Links between Mathematics and Other Subjects)」において，今後予想される数学的モデリングの研究動向の1つに挙げられていた。Chief Organizer であるドイツの Werner Blum が，90年代の数学的モデリング研究の流れは「1. コンピュータ利用の普及」，「2. 認識論的議論」，「3. アセスメントへの焦点化」，「4. 児童生徒の学習への焦点化」であるとした上で，今後予想される5つの研究動向を挙げていた：「1. 学校カリキュラムにおける数学的モデリング」，「2. 実際環境における数学に関する生徒の調査研究」，「3. 他教科へ数学をリンクすること」，「4. 数学的モデリング文脈の中でのアセスメント」，「5. 数学的モデリングの指導に関連した理論的問いと認識論的問い」。

Galbraith & Clatworthy (1990) は，「(1) 構成化されていない問題および現実生活場面に対して数学を応用すること」，「(2) 問題の解決策において，個々とチームの参加者のスキルを開発すること」，「(3) プロジェクトの結論をコミュニケートし，評価すること」といった，能力開発を目指した数学的モデリング指導の枠組みをもとにして，評価規準とスタンダード軸を設定している。この枠組みでは，「現実世界」と「数学世界」の間に「現実／数学リンク」を設定している。池田 (1994) は，数学化の過程を「① 目標変量の特定」，「② 観点発生」，「③ 観点選択」，「④ 条件設定」という4つの手順で捉え，数学化の活動を評価する際の観点について示している。植野・清水 (1995) は，「a. 数学的モデル化」，「b. 数学的内容」，「c. 生徒の活動に関する表現」という3つの観点から評価項目を設定している。そして，数学的モデリングのレポート分析 (例えば，Ikeda, 1998) の結果，これらの項目に対する3段階の評価基準を評価の枠組みとしながらも，その基準の作成には「教師が具体的な評価基準を決めることが必要である」(p.559) としている。その理由は，問題によって，それぞれの評価基準が異なるためである。

　数学的モデリングの評価では，数学的モデリング指導の枠組みを設定し，指導者が評価基準を明確に示す必要がある。上述の先行研究に対し，本論文が目指す数学的モデリングの評価に向けて，次の3点を意識して取り組んでいく：① 現実世界と数学の世界の両方を踏まえた包括的な議論，② 解決過程の進行を捉えていくための方法の開発，③ 数学的モデリング問題の違いに対応可能な評価の枠組みの作成。

(2) 数学的モデリング能力の研究と課題

　数学的モデリングに関する能力モデルの構築に向けた取組として，Blum(2011) は，能力モデル構築に当たっては，「サブ能力を識別すること，サブ能力の認知レベルが異なること，そして，サブ能力，全体としてのモデリング能力，他の能力間のつながりをセットアップすることが本質的である」(p.21) と指摘している。例えば，Frejd & Ärleback (2011) は，スウェーデンにおける後期中等教育段階の生徒のモデリング能力レベルに対する，初期的指標を得ることを目的として，「サブ能力の識別」，「サブ能力の認知レベルの相違」を話題にし

ている。また，Zöttl et al. (2011) は，項目応答理論とラッシュモデリングを用いた確率論的アプローチにより，「サブ能力，全体としてのモデリング能力，他の能力間のつながりをセットアップ」を話題にして，モデリング能力を評価している。ここで取り上げたような知見は，数学的モデリング・応用の国際教師集団 (The International Community of Teachers of Mathematical Modelling and Applications) が隔年で開催している国際会議 International Conference on the Teaching of Mathematical Modelling and Applications (略称ICTMA) のうち，2009 年第 14 回大会後に刊行された専門書『Trends in Teaching and Learning of Mathematical Modelling: ICTMA 14』の中の数学的モデリング能力についての論文から取り上げたものである (松嵜, 2013)。

　池田 (2010) は，わが国における数学的モデリングの研究動向をレヴューする中で，数学的モデリング能力とその指導に関する研究について，「モデル化の要所要所で要求される考え方」と「思考過程のメカニズムに着目した捉え」に大別している。そして，後者について，以下のように解説しており，本研究の位置づけを明らかにしている。

> 　また，松嵜 (2004)，MATSUZAKI (2007) は，原場面 (解決者が自身の経験に基づき想起する場面) に着目し，数学化の過程進行に関する能力として，『自身の数学的スキルに合うように，変数を変化させる』能力，『自身の数学的スキルに合わせて，変数間の関係を構築』する能力の 2 点を指摘している (p.276)。

　筆者は，算数科・数学科の新教育課程編成における学習・指導の方法として，モデルの取扱いを意識した更なる算数的・数学的活動の実現を提案し，数学的モデリングの可能性を例示している (松嵜, 2014)。このことは，次期学習指導要領改訂に向けた，小・中・高等学校まで一貫した検討課題の 1 つとなっている (日本数学教育学会教育課程委員会検討 WG, 2014)。そして，公益財団法人日本数学教育学会代表理事名で中央審議会会長に提出された次期学習指導要領における算数・数学科改訂についての要望 (日本数学教育学会, 2016) には，日本学術会議数理科学委員会数理科学分野の参照基準検討分科会による数理科学

6 第1章 はじめに

に固有の特性についての議論 (日本学術会議数理科学委員会数理科学分野の参照基準検討分科会, 2013) を参照して，数学的モデリングは活用の重視と統計的探究プロセスを含む活動 (日本数学教育学会教育課程委員会検討 WG, 2014; 松嵜, 2015b) に関連して記されている。

先述したように，筆者は，近い将来，わが国の数学カリキュラムに数学的モデリングが積極的に導入されることを前提として，数学的モデリング研究に取り組んでいる。筆者が取り組んでいる研究は，数学的モデリングを評価する枠組み等の整備に応える研究の一貫であると期待している。そこで，数学的モデリング評価の一助となる，数学的モデリングの実際を捉えるための方法として，原場面を採用した，応用反応分析マップ (Applied Response Analysis Mapping) を提案してきた (Matsuzaki, 2011, 2014; 松嵜, 2015a)。応用反応分析マップを用いることで，数学的モデリングの視覚化が可能となる。

そして，原場面に注目して，数学的モデリングの過程の一部に焦点をあてて，数学的モデリング能力を検討してきた (松嵜, 2003, 2004b)。あわせて，数学的モデリング能力では，当然のことながら，数学的モデリングの過程の一部だけではなく過程全体についても議論する必要がある。そこで，原場面が問題解決に及ぼす影響 (松嵜, 2002, 2005, 2008; 松嵜・北島, 2001) や協働的問題解決における原場面の作用 (松嵜, 2003, 2004b; Matsuzaki, 2004, 2007) について検討してきた。結果として，数学的モデリングのある過程の進行に必要となる能力を確認できる他に，数学的モデリングの実際と照らし合わせることで，ある過程の漸次的進行に作用する能力や新たな能力を補記することができる。

本研究の意義は，数学的モデリング能力の育成方略において，数学的モデリング能力の類別や個に応じた数学的モデリング指導で配慮すべき点に対して，新たな能力モデルを提供し得る点にある。

第2節　研究目的・方法

研究目的は，原場面に着目した数学的モデリング能力を特定することである。

第1節で述べたように，筆者は，原場面に注目して，数学的モデリングの過程の一部について，過程進行に必要となる能力について指摘してきた。そして，

応用反応分析マップを用いて数学的モデリングの実際を視覚化した結果，原場面が数学的モデリングの進行に影響を及ぼしていることを指摘してきた。そこで，数学的モデリングにおいて原場面に注目する意義を明らかにする。その方法は，フッサールの創始した現象学にもとづく哲学的考察をおこなう。具体的には，中後期フッサール現象学の方法のうち，志向性と「ノエシス−ノエマ」構造に注目する。

原場面に注目する意義を明らかにすることで，これまで指摘し得なかった数学的モデリング能力について捉えることが期待できる。例えば，これまで原場面の役割として，現実世界に関係する原場面に焦点をあてて議論してきた。数学的モデリングの図式にもとづき原場面の役割を論じる以上，数学に関係する原場面についても検討する必要がある。換言すれば，原場面について，現実世界と数学の世界の両方を踏まえた包括的な議論をおこなうことになる。また，数学的モデリングの実際と照らし合わせることで，原場面が数学的モデリングの進行等に及ぼす影響を指摘することができる。つまり，哲学的考察にもとづく原場面に注目する意義を踏まえて，原場面が数学的モデリングの進行等に及ぼす影響を捉え直すことで，これまでに指摘してきた数学的モデリング能力を保証するとともに，これまで見過ごしていた能力について指摘することが期待できる。そこで，原場面の役割や原場面の機能にもとづき，数学的モデリング能力を分析する。その方法は，応用反応分析マップを用いて，数学的モデリングの実際を追跡し，数学的モデリング能力を確認・補記する。

第3節　第1章のまとめ

第1章では，数学的モデリング研究を概観し，本研究の位置づけを示した。

第1節では，研究意図として数学的モデリングの評価の研究と数学的モデリング能力の研究をレヴューし，本研究の意義について示した。わが国の数学的モデリング研究を取り巻く状況に鑑み，筆者は，数学的モデリングの評価の一助となる研究に取り組んでいる。数学的モデリングの評価では，数学的モデリング指導の枠組みを設定し，指導者の評価基準を明確に示す必要がある。そこで，本論文では，次の3点を意識して取り組んでいく：① 現実世界と数学の世

界の両方を踏まえた包括的な議論，② 解決過程の進行を捉えていくための方法の開発，③ 数学的モデリング問題の違いに対応可能な評価の枠組みの作成。筆者は，近い将来，数学的モデリングがわが国の数学カリキュラムに積極的に導入されることを前提として，数学的モデリングの実際を捉えるための方法として，原場面を採用した，応用反応分析マップを提案してきた。数学的モデリング能力とその指導に関する研究として，本研究は「思考過程のメカニズムに着目した捉え」(池田, 2010) に位置づく。そして，本研究の意義は，数学的モデリング能力の育成方略において，数学的モデリング能力の類別や個に応じた数学的モデリング指導で配慮すべき点に対して，新たな能力モデルを提供し得る点にある。

第 2 節では，本研究の目的・方法を示した。研究目的は，原場面に着目した数学的モデリング能力を特定することである。そこで，2 つの下位目的を設定した。1 つ目の下位目的は，数学的モデリングにおいて原場面に注目する意義を明らかにすることである。その方法は，フッサールの創始した現象学にもとづく哲学的考察をおこなう。具体的には，中後期フッサール現象学の方法のうち，志向性と「ノエシス−ノエマ」構造に注目する。2 つ目の下位目的は，原場面の役割や原場面の機能にもとづき，数学的モデリング能力を分析することである。その方法は，応用反応分析マップを用いて，数学的モデリングの実際を追跡し，数学的モデリング能力を確認・補記する。

引用・参考文献

Blum, W. (1991). Applications and modelling in mathematics teaching: A review of arguments and instructional aspects. In M. Niss, W. Blum, & I. Huntley (Eds.), *Teaching of Mathematical Modelling and Applications*, pp.10–29, Ellis Horwood.

Blum, W. (2011). Can modelling be taught and learnt? Some answers from empirical research. In G. Kaiser, W. Blum, R. Borromeo Ferri, & G. Stillman (Eds.), *Trends in Teaching and Learning of Mathematical Modelling: ICTMA 14*, pp.15–30, Springer.

Blum, W., & Borromeo Ferri, R. (2009). Mathematical modelling: Can it be taught and learnt?. *Journal of Mathematical Modelling and Application*, **1**(1), pp.45–58.

Blum, W., & Niss, M. (1991) Applied mathematical problem solving, modelling, applications, and links to other subjects: States, trends and issue in mathematical instruction. *Educational Studies in Mathematics*, **22**(1), pp.37–68.

Clatworthy, N. (1989). Assessment at the upper secondary level. In W. Blum, J. Berry, R. Biehler, I. Huntley, G. Kaiser-Messmer, & L. Profke (Eds.), *Applications and Modelling in Learning and Teaching Mathematics*, pp.60–65, Ellis Horwood.

de Lange, J. (1996). Using and applying mathematics in education. In A. Bishop, K. Clements, C. Keitel, J. Kilpatrick, & C. Laborde (Eds.), *International Handbook of Mathematics Education*, pp.49–97, Kluwer Academic Publishers.

Frejd, P., & Ärlebäck, J. (2011). First results from a study investigating Swedish upper secondary students' mathematical modelling competencies. In G. Kaiser, W. Blum, R. Borromeo Ferri, & G. Stillman (Eds.), *Trends in Teaching and Learning of Mathematical Modelling: ICTMA 14*, pp.407–416, Springer.

Galbraith, P., & Clatworthy, N. (1990). Beyond standard model: Meeting the challenge of modelling. *Educational Studies in Mathematics*, **21**, pp.137–163.

Henning, H., & Keune, M. (2004). Levels of modelling competencies. In H.

Hans-Wolfgang, & W. Blum (Eds.), *ICMI Study 14 Applications and Modelling in Mathematics Education: Pre-Conference Volume*, pp.115–120, Department of Mathematics, IEEM, University of Dortmund.

池田敏和 (1994)「数学化における数学的な考え方とその相互作用に関する研究」，『第 27 回数学教育論文発表会論文集』，pp.317–322.

池田敏和 (1999)「数学的モデリングを促進する考え方に関する研究」，『数学教育学論究』，Vol.71・72, pp.3–18.

池田敏和 (2000)「数学的モデリングの指導目標に関する一考察—日本における 1990 年代の文献調査を通して—」，『第 33 回数学教育論文発表会論文集』，pp.211–216.

池田敏和 (2004)「数学的モデリングを促進する考え方に焦点を当てた指導目標の系列と授業構成に関する研究」，『数学教育学論究』，**81・82**, pp.3–32.

池田敏和 (2009)「数学的モデリングと数学的知識の構成—モデル主義に基づく数学教育の構想—」，『日本科学教育学会第 33 回年会論文集』，pp.251–254.

池田敏和 (2010)「数学的モデル化」，日本数学教育学会編『数学教育学研究ハンドブック』，pp.271–281, 東洋館出版社.

池田敏和 (2013)「モデルに焦点を当てた数学的活動に関する研究の世界的傾向とそれらの関連性」，『日本数学教育学会誌』，**95**(5), pp.3–18.

池田敏和・浜泰一 (1992)「高等学校数学科における数学的モデリングの事例的研究」，『日本数学教育学会誌』，**74**(7), pp.42–50.

池田敏和・山崎浩二 (1993)「数学的モデリングの導入段階における目標とその授業展開のあり方に関する事例的研究」，『日本数学教育学会誌』，**75**(1), pp.26–32.

Ikeda, T., & Stephens, M. (1998). Some characteristic of students' approach to mathematical modelling in the curriculum on pure mathematics. *Journal of Science Education in Japan (Kagaku Kyoiku kenkyu)*, **22**(3), pp.142–154.

Ikeda, T., Stephens, M., & Matsuzaki, A. (2007). A teaching experiment in mathematical modelling. In C. Haines, P. Galbraith, W. Blum, & S. Khan (Eds.), *Mathematical Modelling (ICTMA12): Education, Engineering and Economics*, pp.101–109, Horwood.

礒田正美 (1983)「問題解決を促す問題の開発に関する位置考察—モデル化を中心に—」，『筑波数学教育研究』，第 2 号, pp.107–116.

Isoda, M., & Matsuzaki, A. (1999). Mathematical modeling in the inquiry of linkages using LEGO and graphic calculator: Does new technology alternate old technology?. *Proceedings of the Forth Asian Technology Conference in Mathematics*, pp.113–122.

Isoda, M., & Matsuzaki, A. (2003). The roles of mediational means for mathematization: The case of mechanics and graphing tools. *The Journal of Science Education in Japan (Kagaku Kyoiku Kenkyu)*, **27**(4), pp.245–257.

Isoda, M., Matsuzaki, A., & Nakajima, M. (1998). Mathematics inquiry enhanced by harmonized approach via technology: A crank mechanism represented by LEGO and graphing tools, *Proceedings of the ICMI-EARCOME1*, **3**, pp.267–287.

日本数学教育学会「資料の活用」検討 WG 松嵜昭雄・金本良通・大根田裕・青山和裕他 5 名 (2014)「新教育課程編成に向けた系統的な統計指導の提言—義務教育段階から高等学校第 1 学年までを対象として—」,『日本数学教育学会誌』, **96**(1/2), pp.2–12.

日本数学教育学会教育課程委員会検討 WG 金本良通・大久保和義・池田敏和・青山和裕・松嵜昭雄他 13 名 (2014)「学習指導要領算数・数学科改訂に向けての検討課題」,『日本数学教育学会誌』, **96**(11/12), pp.10–21/12–23.

日本数学教育学会 藤井斉亮代表理事 (2016)「小学校・中学校・高等学校学習指導要領—算数・数学科改訂についての要望—」, 日本数学教育学会.

Matsuzaki, A. (1998). An approach for integrated curriculum including mathematics: Modelling for mathematization of real world and relations to the other subjects. *Proceedings of the ICMI-EARCOME1*, **1**, p.359.

松嵜昭雄 (1999)『数学的モデリングによる数学科と他教科との統合的学習に関する基礎研究—数学教育再構成運動と総合学習の理論を踏まえて—』, 筑波大学大学院教育研究科修士論文.

松嵜昭雄 (2001)『数学的モデリングの評価に関する基礎的研究—現実世界における問題の解決過程に焦点をあてて—』, 筑波大学大学院教育学研究科中間評価論文.

松嵜昭雄 (2002)「数学的モデリングにおける原場面の作用に関する一考察—数学教育学・理科教育学に関心をもつ大学院生を調査対象として—」,『第 35 回数学教育論文発表会論文集』, pp.133–138.

松嵜昭雄 (2003)「数学的モデリング能力の検証—原場面に注目したモデル化能力の記述—」,『第 36 回数学教育論文発表会論文集』, pp.109–114.

松嵜昭雄 (2004a)「数学的モデリング能力の研究動向—14th ICMI Study の研究論文のレヴューを中心に—」,『日本科学教育学会第 28 回年会論文集』, pp.229–232.

松嵜昭雄 (2004b)「数学的モデリング能力の検証 (2)—原場面に注目した数学化能力と数学的作業能力—」,『第 37 回数学教育論文発表会論文集』, pp.193–198.

Matsuzaki, A. (2004) 'Rub' and 'Stray' of mathematical modelling. In H. Hans-

Wolfgang, & W. Blum (Eds.), *ICMI Study 14: Applications and Modelling in Mathematics Education: Pre-Conference Volume*, pp.181–186, Department of Mathematics, IEEM, University of Dortmund.

松嶜昭雄 (2005)「数学的モデリング能力の特定方法に関する一考察」,『日本科学教育学会第 29 回年会論文集』, pp.187–190.

Matsuzaki, A. (2007). How might we share models through cooperative mathematical modelling? Focus on situations based on individual experiences. In W. Blum, P. Galbraith, H. Hans-Wolfgang, M. Niss (Eds.), *Modelling and Applications in Mathematics Education: The 14th ICMI Study*, pp.357–364, Springer.

松嶜昭雄 (2008)「数学的モデリング能力の特定方法に関する研究—原場面への注目と課題分析マップの援用—」,『筑波教育学研究』, 第 6 号, pp.119–133.

Matsuzaki, A. (2010). Mathematical modelling in making linkages or mechanics: Using LEGO located on elementary mechatronics tools. In A. Araújo, A. Fernandes, A. Azevedo, & J. F. Rodrigues (Eds.), *EIMI (Educational Interfaces between Mathematics and Industry) 2010 Conference Proceedings*, pp.1–9.
　[URL] http://www.cim.pt/files/proceedings_eimi_2010.pdf.

Matsuzaki, A. (2011). Using response analysis mapping to display modellers' mathematical modelling progress. In G. Kaiser, W. Blum, R. Borromeo Ferri, & G. Stillman (Eds.), *Trends in Teaching and Learning of Mathematical Modelling: ICTMA 14*, pp.499–508, Springer.

松嶜昭雄 (2011)「残差分析によるデータ間の関係の読み取り—表計算ソフトを利用した線形変換を通じて—」,『日本数学教育学会誌』, **93**(11), pp.35–38.

松嶜昭雄 (2013)「諸外国における数学的モデリング能力の研究動向—『Trends in Teaching and Learning of Mathematical Modelling: ICTMA 14』における研究論文のレヴューを通じて—」,『第 1 回春期研究大会論文集』, pp.39–46.

松嶜昭雄 (2014)「モデルの取扱いを意識した更なる算数的・数学的活動の実現—新教育課程編成における学習・指導の方法としてのモデリング—」,『第 2 回春期研究大会論文集』, pp.175–182.

Matsuzaki, A. (2014). Confirming and supplementing of modelling competencies: Using applied response analysis mapping and focus on *Gen-Bamen, International Journal of Research on Mathematics and Science Education*, **2**, pp.17–32.

松嶜昭雄 (2015a)「数学的モデリングの記述的枠組みにおける原場面の機能—中後期

フッサール現象学の方法の適用─」,『日本数学教育学会誌』, **97**(3), pp.14–23.

松嵜昭雄 (2015b)「数学的モデリングと統計的探究プロセス」, 岸本忠之編著『身近な題材で始める算数教材作り─資料の整理と読みの力を伸ばす授業プラン』, pp.23–38, 明治図書.

Matsuzaki, A., & Ide, S. (2013). Mathematical modelling in a restricted condition of ICT: Using LEGO jointly with handheld technology. *Proceedings of EARCOME6*, **2**, pp.466–475.

松嵜昭雄・礒田正美 (1999)「数学的モデリングにおける理解深化に関する一考察─クランク機構の関数関係の把握─」,『日本数学教育学会誌』, **81**(3), pp.78–83.

松嵜昭雄・北島茂樹 (2001)「原場面を視点とする数学的モデリング能力の特定と調査─課題分析マップによる変数間の関係の記述を通じて─」,『第 34 回数学教育論文発表会論文集』, pp.313–318.

松嵜昭雄・長野東 (2003)「数学的モデリングを軸とする数学科と他教科の総合の提案─数学科と華道科の総合を事例として─」,『日本総合学習学会誌』, 第 6 号, pp.24–31.

三輪辰郎 (1983)「数学教育におけるモデル化についての一考察」,『筑波数学教育研究』, 第 2 号, pp.117–125.

国立教育政策研究所編 (2004a)『生きるための知識と技能 2─OECD 生徒の学習到達度調査 (PISA)2003 年調査国際結果報告書─』, ぎょうせい.

国立教育政策研究所監訳 (2004b)『PISA2003 年調査 評価の枠組み─OECD 生徒の学習到達度調査─』, ぎょうせい.

西村圭一 (2012)『数学的モデル化を遂行する力を育成する教材開発とその実践に関する研究』, 東洋館出版.

西村圭一・松元新一郎・植野美穂 (1997)「数学的モデル化教材の評価に関する研究」,『学芸大学数学教育研究』, 第 9 号, pp.41–54.

大澤弘典 (1996)「現実場面に基づく問題解決─グラフ電卓を利用した合科的授業展開を通して─」,『日本数学教育学会誌』, **78**(9), pp.16–20.

太田伸也 (1997)「生徒に幾何の世界を構成させる図形指導 (2)─『写真に写る大きさと距離との関係』を題材に─」,『日本数学教育学会誌』, **79**(5), pp.162–170.

佐伯昭彦 (研究代表者)(2000)『数学と物理を関連づけた総合カリキュラムに関する実証的研究─身近な自然現象を取り入れた実験・観察型授業─』, 平成 10 年度〜平成 11 年度科学研究費補助金 (基盤研究 (C)) 研究成果報告書.

佐伯昭彦 (研究代表者)(2002)『生徒個々の数学的モデリング能力に応じた総合学習の教材開発に関する研究─簡易テクノロジーを活用した数学と理科との総合学習─』, 平成 12 年度〜平成 13 年度文部科学省科学研究費補助金 (基盤研究 (C))

研究成果報告書.

佐伯昭彦 (2005)『テクノロジーを活用した数学的活動の教材開発とその有効性に関する研究』，兵庫教育大学大学院連合学校教育学研究科博士論文.

日本学術会議数理科学委員会数理科学分野の参照基準検討分科会 (2013)『資料 大学教育の分野別質保証のための教育課程編成上の参照基準―数理科学分野―』，日本学術会議.
　［URL］http://www.scj.go.jp/ja/info/kohyo/pdf/kohyo-22-h130918.pdf
(2018 年 5 月 31 日最終確認)

Turner, R. (2007). Modelling and applications in PISA. In W. Blum, P. Galbraith, H. Hans-Wolfgang, & M. Niss (Eds.), *Modelling and Applications in Mathematics Education: The 14th ICMI Study*, pp.433–440, Springer.

植野美穂・清水美憲 (1995)「数学的モデル化の活動の評価に関する一考察」，『第 28 回数学教育論文発表会論文集』，pp.555–560.

柳本哲編著 (2011)『数学的モデリング―本当に役立つ数学の力―』，明治図書.

Zöttl, L., Ufer, S., & Reiss, K. (2011). Assessing modelling competencies using a multidimensional IRT approach. In G. Kaiser, W. Blum, R. Borromeo Ferri, & G. Stillman (Eds.), *Trends in Teaching and Learning of Mathematical Modelling: ICTMA 14*, pp.427–437, Springer.

第2章
数学的モデリング能力の枠組み

　本章では，数学的モデリング能力の規範的枠組みと記述的枠組みについて述べる。

　第1節では，規範的枠組みとして，数学的モデリングの図式にもとづき，各過程の進行に必要な変数の取り扱いを示す。

　第2節では，記述的枠組みとして，心理学的アプローチによる「場面の心的表象」へ着目している研究と，認知科学的アプローチによる数学的モデリングの実際の記述についての研究をレヴューする。

第1節　数学的モデリング能力の規範的枠組み

　数学的モデリング能力は，「数学的モデリングの各過程を遂行するのに必要な能力」(松嵜, 2002, p.56) である。理想的な数学的モデリングの過程進行 (池田, 1998; 三輪, 1983) を示した図式にもとづき同定される数学的モデリング能力は規範的枠組みと言える。例えば，西村 (2012) は，「数学的モデル化において必要な考え方や能力である，数学的モデル化能力 (mathematical modelling competency)」(p.64) を同定する際，統計的探究のプロセス (Wild & Pfannkuch, 1999) を参照している。

(1)　数学的モデリングの図式

　数学的モデリング能力に関する先行研究では，各研究で参照している数学的モデリングの図式にもとづき能力に関する議論が展開されている (Antonius, 2004; Clatworthy & Galbraith, 1987; Haines & Crouch, 2007; 佐伯, 2002)。

Blum (1985) は，モデリングの各過程として，「α 単純化 (Vereinfachen)，構造化 (Structurieren)，明確化 (Pläzisieren)」，「β 数学化 (Mathematisieren)」，「γ 数学的作業 (Math. Arbeiten)」，「δ 元に立ち戻って解釈する (Rück-Interpretieren)，もしくは応用する (Anwenden)」の 4 つの過程を示している。この図式の特徴は，現実的場面から現実的モデルまでの過程を強調している点である (図 2.1)。

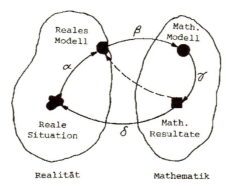

図 2.1　Der Modellbildungsprozeß (Blum, 1985, p.200)

「α 単純化，構造化，明確化」の過程では，はじめに，現実的場面 (Reale Situation) を信用することが求められる。この現実的場面は，現実世界における問題場面である。この過程では，現実的場面から現実的モデル (Reales Modell) へ問題の定式化がおこなわれる。そこでは問題解決にとって意味のある適切な問いがなされることが必要となる。その方法として，与えられた現実的場面に対する「単純化，構造化，明確化」が実行されるが，そのためには現実的場面の情報の把握や特別な条件の峻別がおこなわれる。

「β 数学化」の過程では，現実的モデルを数学への翻訳をおこなう。すなわち，現実的モデルのデータ，概念，関係，法則，要求もしくは仮定の数学への翻訳である。ここで現実的モデルは，「α 単純化，構造化，明確化」の過程によって日常語の定式化がなされた，現実的場面の本質的な動き (Züge) を再現した

ものである。

「γ 数学的作業」の過程は，数学的モデル (Math. Modell) 内で作用する数学的考察である。ここでの重要な方法として計算機が挙げられており，実践不可能な場合のシミュレーションや理論的に立ち入ることのできない状況に対して用いるとされる。このとき，数学的モデルは応用場面に対するモデルであり，予め決められているものである。それは問題解決の目標と評価に依存している。すなわち，ある数学的対象が既に定められており，数学的モデルとの関係が基本的指導 (Grundelmenten) に相当する。

そして，δ の過程では，ある数学的結論 (Math. Resultate) が導かれるが，その結論はほんの一部に過ぎない。ここで重要なことは，得られた結論の現実 (世界) に対する解釈に留まらず，現実 (世界) へ翻訳 (zurückübersetzt) することである。また，数学的結論を応用し，場合によっては未知を予測する場合もあり得る。この過程では，「元に立ち戻って解釈する」面と「応用する」面の2つの側面の区別が必要である。また，望ましくない解答が得られた場合には，現実的モデルもしくは数学的モデルを修正したり，まったく新しいモデルに変わることがある。ここで，モデルの意義は問題に対する結論の有用性にある。

数学的モデリングは現実世界と数学の間の取り組みであることから，「β 数学化」の過程と「δ 元に立ち戻って解釈する，もしくは応用する」という過程は重要である。数学的モデルは応用場面に対するモデルであり，数学的モデリングの評価と関わるものであるから，応用の過程は「δ 元に立ち戻って解釈する，もしくは応用する」という過程においても「立ち戻って解釈する」過程と区別を必要とする。Blum (1982) は，旧西ドイツの職業教育における数学教育の目標の1つは職業的部分と非職業的部分からなり，そこでは特別な問題や特別な数学的話題を取り扱うよりもむしろ，「1 理想化 (Idealisation)」，「2 数学化 (Mathematisation)」，「3 数学的推論 (Math. Reasoning)」，「4 再解釈 (Re-interpretation)」の各過程を学ぶことが重要であると指摘している。そして，「応用 (Application)」の過程が数学的結論から現実世界 (Real World) における問題 (Problem) への過程で，「再解釈」の過程と区別している (図 2.2)。

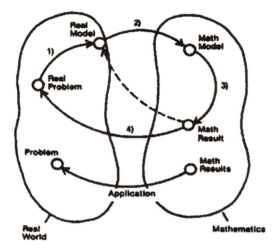

図 2.2　数学的モデリング過程 (Blum, 1982, p.245)

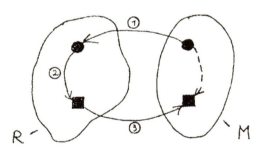

図 2.3　「現実性に関連した証明」の過程 (Blum, 1998, p.66)

Blum (1998) は，現実性に関連した証明 (Reality-Related Proof) として，$\beta \to \alpha \to \delta$ (γ は破線で示されている) という，図 2.1 や図 2.2 とは逆向きの過程を示している (図 2.3)。現実性に関連した証明は，数学的モデルがはじまりであるため，数学的に妥当な前提にもとづく，正しい結果の鎖 (chain) であるとされる。

「現実性に関連した証明」の各過程では，「① 特別な現実的文脈の中での前提の解釈をおこない，それを実感している」，「② 文脈化された知識を意味する

ことで，この文脈内の，ある議論もしくは行為が起こっている。これはある結論を導く」，「③ これらの結論を数学の中に戻して翻訳しており，これから数学的結論を得る」活動が，それぞれ，おこなわれる。

これまでの数学的モデリング過程の図式を参照して，図 2.1 における $\delta)$ の段階を「解釈」と「応用」の過程に，それぞれ，区別する。また，$\alpha)$ の過程において，もしモデラーが十分納得のいくまで「モデル化」の検討をおこなっていれば，図 2.1 において点線の矢印で示されているように，現実モデルへの「解釈」がなされる場合もあり得る。そこで，区別した $\delta)$ の過程のうち，「解釈」の過程を，$\delta_1)$「現実場面の解釈」の過程と $\delta_2)$「現実モデルの解釈」の過程に区別する。つまり，図 2.1 における $\delta)$ を $\delta_1)$，$\delta_2)$，そして $\zeta)$「応用」の各過程に区別する。

以上より，解決過程の中で生成される各モデルに対して，「α モデル化」，「β 数学化」，「γ 数学的作業」，「δ_1 現実場面の解釈」，「δ_2 現実モデルの解釈」，「ζ 応用」の各過程を示した図式を，本論文における数学的モデリングの図式として規定とする (図 2.4)。

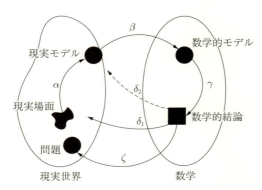

図 2.4 数学的モデリングの図式 (松嵜, 2001a, p.14)

数学的モデリングは，数学的モデリングの図式に示された通りに過程進行するだけではなく，図 2.3 に示されているように，逆向きの過程進行もあり得る。なお，島田 (1995) も，数学的活動の模式図において，数学的モデルは，図式に

20　第 2 章　数学的モデリング能力の枠組み

示される進行とは「…逆向きにも用いられている」(p.17) ことを指摘している。逆向きの過程進行には，数学的モデリングの過程進行のときと前提となる条件は変化するので，何かしらの条件が必要である。このような逆向きの過程進行は，どのような場合に起こり得るのか特定していく必要がある。

(2)　図式にもとづく数学的モデリング能力

　筆者は，数学的モデリングの図式 (図 2.4) にもとづき，数学的モデリングの各過程の進行に必要な手続きを示している (松嵜, 2008; Matsuzaki, 2014)。ここでは，指導目標により提示される問題が異なる点と，問題解決において解決対象となる問題が変化していく点に鑑み，数学的モデリング問題を構成する変数の程度により 4 系統に分類している。

　数学的モデリング問題は，現実世界の問題として与えられる場合と，数学の問題として与えられる場合がある。例えば，前者の場合としては，「運動会の全員リレーに勝ちたい。どうしたらいいか？」(大澤, 1996, p.19) といった「リレー問題」がある。これは「I：変数が表示されていない問題」に該当する。一方，後者の場合としては，「The product of the age of Ann and Mike is 300. Find their ages if Ann is 20 years older than Mike.」(SMP, 1991a, p.23) といった「Ann と Mike の年齢問題」がある。これは，変数が表示されている問題であり，「III：変数が特定されている場合」に該当する。

　また，「変数が示されている問題」のうち，以下のような「オイルパイプライン問題」(池田, 1999; Ikeda & Stephens, 1998) のように，「II. 変数が特定されていない場合」がある；

　　パイプラインは，油田装置 (海底に穴をあけて) と海岸線にある精油所とをつなぐためにつくられます。コストをできる限り安くするためには，パイプラインをどのようにつなげばよいでしょう。ただし，パイプラインは「陸上に」つくる場合と「海底に」つくる場合ではコストが異なるので，最もコストの安いつなぎ方は，パイプの長さが最短になるときとは限りません。適当に条件を設定して，その条件のもとでどういうつなぎ方がよいか詳しくレポートにまとめましょう。　　　　　　　　　　　(池田, 1999, p.7)

さらに言えば，以下のような「The Ferris wheel 問題」(Board of Studies, 1999b) のように，「変数が示されている問題」のうち「Ⅳ：数学的記号表現された変数が示されている場合」もある：

> Throughout this problem, assume air resistance is negligible, and take the acceleration due to gravity to have magnitude g m s^{-2}, where g = 9.8.
>
> Peter, while attending the Royal Show, takes a ride on the Ferris wheel. While on this ride he can be represented as a point.

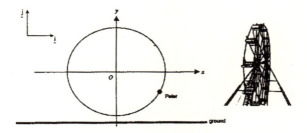

> *The Ferris wheel has a radius of 15 meters, and rotates anticlockwise in a vertical plane, at a constant rate, around a horizontal axis located at its central. Its axis is located 18 meters above the ground. Peter's position at any time t, in seconds, is given by*
>
> $$\underset{\sim}{P}(t) = 15\cos\left(\frac{\pi t}{60}\right)\underset{\sim}{i} + 15\sin\left(\frac{\pi t}{60}\right)\underset{\sim}{j}$$
>
> *where Peter's initial position is 15 meters to the right of the vertical axis and 18 meters above the ground*
>
> **Queston1**
> ***a.*** *How long does it take Peter to return to his point for the first time?*
> ***b.*** *What are the coordinates of Peter's exact position at t = 45?*
> ***c.*** *Find the cartesian equation of Peter's path.*
>
> (Board of Studies, 1999b, pp.14–15)

以上より，数学的モデリング問題を構成する変数の程度により分類すると，「Ⅰ：変数が表示されていない問題」と「変数が表示されている問題」がある。そして，後者の問題には，「Ⅱ：変数が特定されていない場合」，「Ⅲ：変数が特定さ

表 2.1 数学的モデリングの各過程の進行に必要な変数の取り扱い (松嵜, 2008, p.121)

問題の分類／過程	Ⅰ：変数が表示されていない問題	変数が表示されている問題		
		Ⅱ：変数が特定されていない場合	Ⅲ：変数が特定されている場合	Ⅳ：数学的記号表現された変数が示されている場合
α モデル化	変数の抽出，選択，設定をおこなう	変数の再抽出，再選択，再設定，そして再確認をおこなう	変数の設定を確認する	
β 数学化		変数の (抽出，) 選択，設定をおこない，数学へ翻訳する	変数を数学へ翻訳する	「現実モデル」に対する変数の妥当性を確認する
γ 数学的作業				数学的体系に則った，的確な処理をおこなう
δ_1 現実場面の解釈	抽出，選択，設定した変数の妥当性を確認する			変数によって「現実場面」の妥当性を確認する
δ_2 現実モデルの解釈		抽出，選択，設定した変数の妥当性を確認する	変数の妥当性を確認する	変数によって「現実モデル」の妥当性を確認する
ζ 応用	変数を再抽出する	他に考えられ得る変数の抽出，設定をおこなう	他に考えられ得る変数を検討する	変数を操作する

註1：空欄部分は，数学的モデリング問題を構成する変数の程度が数学的モデリングの図式と照らし合わせることができないため，変数の取り扱いを示すことができない箇所である。

註2：網掛け部分は，数学的モデリングの図式に示されている矢印とは逆向きに過程が進行するときの変数の取り扱いを示している。

れている場合」,「IV：数学的記号表現された変数が示されている場合」の3通りがある。表2.1は，数学的モデリングの各過程の進行に必要な変数の取り扱いを示したもので，成功的な問題解決を想定して記述したものである。そのため，数学的モデリング能力の規範的枠組みと言える。このような解決に必要な手続きを示しているものとしては，例えば，オーストラリア連邦・ビクトリア州のカリキュラムに準拠した教科書などに見られるし (松嵜, 2002)，また，評価枠組みとして採用している研究もある (Ikeda & Stephens, 1998)。

　なお，第1章第1節でレヴューした PISA 調査では，各能力について，「再現 (Reproduction)」,「関連づけ (Connections)」,「熟考 (Reflection)」という3つのクラスターで働きを説明している (国立教育政策研究所, 2004a, 2004b)。表2.1の規範的枠組みは，PISA 調査の「モデル化」能力について示されている3つのクラスターすべてに対応していない。註2で記したように，網掛けした部分は，数学的モデリングの図式に示されている矢印とは逆向きに過程が進行するときの変数の取り扱いを示している。また，例えば，「β 数学化」の過程について，「II. 変数が特定されていない場合」,「III. 変数が特定されている場合」,「IV. 数学的記号表現された変数が示されている場合」の各場合について，変数の取り扱いを示している。このように，同一の過程において複数の異なる変数の取り扱いを示しているものもあり，階層をなす3つのクラスターに符合する点もある。

(3) 規範的枠組みから同定される暫定的な数学的モデリング能力

　数学的モデリング能力の規範的枠組みとして，数学的モデリング問題を構成する変数に着目し，数学的モデリングの図式 (図2.4) にもとづき，「数学的モデリングの各過程の進行に必要な変数の取り扱い」(表2.1) を示した。この規範的枠組みには，数学的モデリングの図式に示されている矢印とは逆向きに過程が進行するときに必要となる変数の取り扱いについても反映させた。

　数学的モデリングでは，現実世界で生じるような現実場面を出発点として，モデル化し，数学へと数学化する過程に特徴がある。そして，解決にあたっては，数学に留まり結論を導くのではなく，現実世界の場面と照らし合わせる。一方，はじめに提示される課題場面は，数学の場面の場合も現実世界の場面の

場合もあり得る。このとき参照される場面は，もとの場面 (original situation) であり，もとの場面は，はじめに提示された課題場面を指す。現実世界の課題場面に関係する問題解決 (金児・松嵜, 2012; 川上・松嵜, 2012; Matsuzaki & Kaneko, 2015; Matsuzaki & Kawakami, 2010) の場合，解決者自身の経験が解決を左右することが多い。そこで，松嵜 (2008) は，「解決者が自身の経験にもとづき想起する場面」(p.123) である原場面に注目し，数学的モデリング能力の規範的枠組みにおける原場面の役割を明らかにした。特に，現実世界に関係する原場面の役割 (松嵜, 2001b) として，以下の 4 つを指摘することができる。なお，(GRC-) は現実世界に関係する原場面についてのプレフィックスを表している；

(GRC1) 現実モデルもしくは数学的モデルを保証する役割
(GRC2) 解釈の拠り所としての役割
(GRC3) 「α モデル化」の妥当性を検証する役割
(GRC4) 問題の適用可能性を探る役割

これらの原場面の役割に対応する形で，次の 8 点の数学的モデリング能力を指摘することができる；

(GRC1-a) 自身の数学的スキルに合うように，変数を変化させることができる。

(GRC1-b) 自身の数学的スキルに合わせて，変数間の関係を構築することができる。

(GRC2-a) 得られた結果は，どの変数に由来するものであるか確認することができる。

(GRC2-b) 参照している変数は，条件付与なされたものであることを確認することができる。

(GRC3-a) 問題を構成する変数を見出すことができる。

(GRC3-b) 独立変数と従属変数に変数を区別することができる。

(GRC4-a) 自身の興味や関心にもとづいて，応用可能な問題を探ることができる。

(GRC4-b) 現実場面や現実モデルを構成する変数のうち，どの変数による
ものであるか確認することができる。

　これらの能力は，現実世界に関係する原場面の役割に着目し，規範的枠組み
から同定される暫定的な数学的モデリング能力である。したがって，数学的モ
デリングの実際と照らし合わせることにより，能力を確認し補完していくこと
が必要となる (松嵜, 2003, 2004)。

第2節　数学的モデリング能力の記述的枠組み

　数学的モデリング能力の規範的枠組みは，数学的モデリングの図式を前提と
しているため，数学的モデリングの実際と照らし合わせることが必要である。
ここでは，数学的モデリングの実際を追跡するための記述的枠組みとして，心
理学的アプローチによる「場面の心的表象 (Mental Representation of the
Situation, 以下 MRS)」への着目 (Borromeo Ferri, 2006; Borromeo Ferri
& Blum, 2009) と，認知科学的アプローチによる原場面への着目 (Matsuzaki,
2007, 2011, 2014; 松嵜, 2008) を取り上げる。

(1)　心理学的アプローチによる能力記述

　Blum & Leiß (2007) は，数学的モデリングの図式から，現実場面から現実
モデルへのモデル化過程の漸次的進行を示す，モデリング・サイクルを提唱し
ている (図 2.5)。
　「α モデル化」過程の漸次的進行を踏まえた図式には，現実的場面と現実的問
題 (real situation & problem) から場面モデル (situation model) への「1 構
成 (Constructing)」と，場面モデルから現実的モデルと現実的問題 (real model
& problem) への「2 単純化／構造化 (Simplifying ／ Structuring)」の各過程
で示されている「α モデル化」過程の漸次的進行に対して，Borromeo Ferri
(2007) は場面モデルの取り扱いや指導について言及している。Borromeo Ferri
(2006) は，数学的モデリングの各研究で参照している図式は異なるものの，モ
デリング・サイクルの過程 1 から 3 までに注目し，4 つのグループに分類して

26   第 2 章　数学的モデリング能力の枠組み

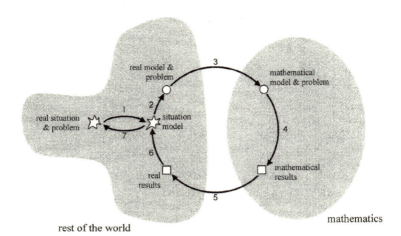

図 2.5　モデリング・サイクル (Blum & Leiß, 2007, p.225)

図 2.6　場面モデルや MRS を現実モデルと区別する場合
(Borromeo Ferri, 2006, p.86)

いる．このうちの 1 つは，場面モデルや MRS を，現実モデルと区別している（図 2.6）．ここでは，現実場面を RS，場面モデルを SM，現実モデルを RM，数学的モデルを MM と表記している．

Borromeo Ferri (2006) は「個々人が MRS を有しており，それは問題から与えられるものである．この MRS はまったく異なり得るもので，例えば，個々人の数学的思考によりけりである」(p.92) と説明している．そして，Borromeo Ferri (2007) が，モデリング・ルート (modelling routes) として示しているように，数学的モデリングの実際は，必ずしも，図 2.5 のサイクルに示されている矢印のように進行しない (図 2.7)．

このように，数学的モデリングの実際をより詳細に捉えていくことにより，数学的モデリング能力を記述していくことが可能となる．

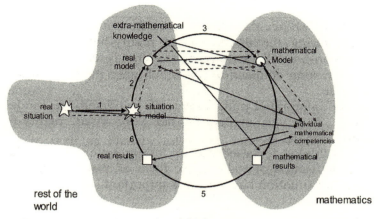

図 2.7 モデリング・ルートの実際 (Borromeo Ferri, 2007, p.266)

(2) 認知科学的アプローチによる能力記述

現実場面が出発点となることが多い数学的モデリング問題は，「I：変数が表示されていない問題」として取り上げられることが多い。そのため，数学的モデリングでは，もとの問題場面が解決の拠り所となる場合が多々ある。数学的モデリング能力の評価において，記述された解答(テキスト)のみを評価対象とすることは，数学的モデリングの各過程を評価する上で十分であるとは言えない。

例えば，Stillman & Galbraith (1998) は，オーストラリア連邦のシニア中等教育学校の生徒を対象として，数学的進行とそれを導く認知的活動及びメタ認知活動の両方に焦点をあて，成功的な解決をおこなったグループとそうでないグループの間の相違を議論している。そこでは，生徒のメタ知識，ストラテジー，決定手段，信念，そして，情意を示すインタビューといったデータをもとに作成した反応マップ(図 2.8) をもとに議論している。この反応マップを援用して，数学的モデリングの進行をより詳細に捉えるための手立てとして，Matsuzaki (2011) は，モデラーの経験への注目した，応用反応分析マップ (Applied Response Analysis Mapping) を提案している。

28　第 2 章　数学的モデリング能力の枠組み

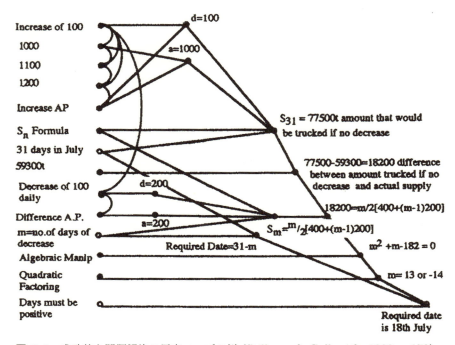

図 **2.8**　成功的な問題解決の反応マップの例 (Stillman & Galbraith, 1998, p.170)

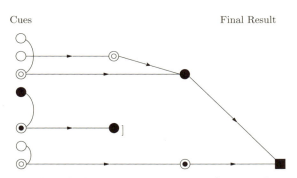

図 **2.9**　A typical applied response analysis map (Matsuzaki, 2011, p.500)

応用反応分析マップでは，従来の反応マップで用いられている数学的コンポーネント (mathematical components, ●で表示) と非数学的コンポーネント (non-mathematical components, ○で表示) に加えて，モデラーの経験にもとづく数学的経験に関係するコンポーネント (components based on mathematical experiences, ◉で表示) と現実的経験に関係するコンポーネント (components based on real experiences, ◎で表示) を区別している (Matsuzaki, 2011)。

(3) 記述的枠組みを用いる際の留意点

数学的モデリング能力の記述的枠組みとして，2つのアプローチをレヴューした。心理学的アプローチによるモデリング・ルート (図 2.5) では，場面モデルを取り入れた新たな数学的モデリングの図式 (図 2.6) に対して，MRS への着目の必要性を議論している。認知科学的アプローチによる反応マップでは，成功的な解決とそうでない解決の相違を議論しており，また，応用反応分析マップでは，モデラーの経験に着目した解決過程の視覚化を試みている。このように，記述的枠組みには，数学的モデリングの実際を追跡していく方法に工夫が見られた。本研究では，応用反応分析マップを援用し，数学的モデリングを視覚化するとともに，数学的モデリングの進行の実際を追跡していく。

本章第 1 節 (3) では，数学的モデリングの図式にもとづき，現実世界に関係する原場面の役割に対応する形で，暫定的な数学的モデリング能力を同定した。では，数学的モデリングの進行の際に，鍵概念となる MRS やモデラーの経験といったものをどのように捉えていけば良いのだろうか。また，これらは数学的モデリングの進行に対して，どのような影響を及ぼしているのだろうか。数学的モデリング能力の記述的枠組みとして，応用反応分析マップを援用する際は，これらの点に留意しなくてはならない。

次章では，数学的モデリング能力の記述的枠組みの 1 つである応用反応分析マップに対して，新たな記述的枠組みを提案する。それは，鍵概念の 1 つである，従来の現実世界に関係する原場面とその役割に加え，モデラーの数学に関係する原場面を付加し再考したものである。

第3節 第2章のまとめ

　第2章では，数学的モデリング能力の規範的枠組みと記述的枠組みについて述べた。

　第1節では，数学的モデリング能力の規範的枠組みとして，数学的モデリング問題を構成する変数に着目し，数学的モデリングの図式 (図 2.4) にもとづき，「数学的モデリングの各過程の進行に必要な変数の取り扱い」(表 2.1) を示した。この規範的枠組みには，数学的モデリングの図式に示される矢印とは逆向きに過程が進行するときに必要となる変数の取り扱いについても反映させた。数学的モデリングでは，解決者自身の経験が解決を左右することが多い。そこで，「解決者が自身の経験にもとづき想起する場面」(松嵜, 2008, p.123) である原場面に注目し，数学的モデリング能力の規範的枠組みにおける原場面の役割について指摘した。特に，現実世界に関係する原場面の役割を4つ挙げ，各役割に対応する形で，計8点の数学的モデリング能力を指摘した。これらの能力は，現実世界に関係する原場面の役割に着目した，規範的枠組みから同定される暫定的な数学的モデリング能力である。

　第2節では，数学的モデリング能力の記述的枠組みとして，心理学的アプローチによる研究と認知科学的アプローチによる研究をレヴューした。前者の心理学的アプローチによるモデリング・ルート (図 2.5) では，場面モデルを取り入れた新たな数学的モデリングの図式 (図 2.6) に対して，「場面の心的表象 (Mental Representation of the Situation)」への着目の必要性を議論していた (Borromeo Ferri, 2006, 2007)。後者の認知科学的アプローチによる反応マップでは，成功的な解決とそうでない解決の相違を議論しており (Stillman & Galbraith, 1998)，また，応用反応分析マップでは，モデラーの経験に着目した解決過程の視覚化を試みていた (Matsuzaki, 2011)。このように，記述的枠組みには，数学的モデリングの実際を追跡していく方法に工夫が見られた。本研究では，応用反応分析マップを援用し，数学的モデリングを視覚化するとともに，数学的モデリングの進行の実際を追跡していく。

引用・参考文献

Antonius, S. (2004). Validity and competence in modelling based project examination. *ICMI Study 14 Applications and Modelling in Mathematics Education: Pre-Conference Volume,* pp.9–16, Department of Mathematics, IEEM, University of Dortmund.

Blum, W. (1982). Relations between mathematics and employment in mathematics education in full time technical and vocational education. *Proceedings of the Fourth International Congress on Mathematics Education,* pp.245–247.

Blum, W. (1985). Anwendungsorientierter Mathematikunterricht in der didaktischen Disukussion. *Mathematische Semesterberichte,* **32**(2), pp.195–232.

Blum, W. (1998). On the role of 'Grundvorstellungen' for reality-related proofs: Examples and reflection. In P. Galbraith, W. Blum, G. Booker, & I. Huntley (Eds.), *Mathematical Modelling: Teaching and Assessment in a Technology-Rich World,* pp.63–74, Ellis Horwood.

Blum, W., & Leiß, D. (2007). How do students and teachers deal with modelling problems?. In C. Haines, P. Galbraith, W. Blum, & S. Khan (Eds.), *Mathematical Modelling (ICTMA12): Education, Engineering and Economics,* pp.222–231, Horwood.

Board of Studies (1999a). *Assessment advice for school: Assessed CATs for 1999,* Australia.

Board of Studies (1999b). *Specialist mathematics units3 and 4: Common assessment task1: Test,* Australia.

Borromeo Ferri, R. (2006). Theoretical and empirical differentiations of phases in the modelling process. *Zentralblatt für Didaktik der Mathematik (ZDM): The International Journal on Mathematics Education,* **38**(2), pp.86–95.

Borromeo Ferri, R. (2007). Modelling problems from a cognitive perspective. In C. Haines, P. Galbraith, W. Blum, & S. Khan (Eds.), *Mathematical Modelling (ICTMA12): Education, Engineering and Economics,* pp.260–270, Horwood.

Borromeo Ferri, R., & Blum, W. (2009). Insight into teachers' unconscious behaviour in modelling contexts. In R. Lesh, P. Galbraith, H. Christopher, & A. Hurford (Eds.), *Modeling Students' Mathematical Modeling Competen-*

cies: ICTMA 13 (International Perspectives on the Teaching and Learning of Mathematical Modelling), pp.423–432, Springer.

Clatworthy, N., & Galbraith, P. (1987). Mathematical modelling: Innovation in senior mathematics. *Australian Senior Mathematics Journal,* **1**(2), pp.38–49.

Haines, C., & Crouch, R. (2007). Mathematical modelling and applications: Ability and competence frameworks. In W. Blum, P. Galbraith, H. Hans-Wolfgang, & M. Niss (Eds.), *Modelling and Applications in Mathematics Education: The 14th ICMI Study,* pp.417–424, Springer.

池田敏和 (1998)「実世界に役立つ数学」, 樋口禎一・細川尋史・池田敏和編『数学の才能を育てる』, pp.87–109, 牧野書店.

池田敏和 (1999)「数学的モデリングを促進する考え方に関する研究」,『数学教育学論究』, **71・72**, pp.3–18.

Ikeda, T., & Stephens, M. (1998). Some characteristic of students' approach to mathematical modelling in the curriculum on pure mathematics. *Journal of Science Education in Japan (Kagaku Kyoiku kenkyu),* **22**(3), pp.142–154.

金児正史・松嵜昭雄 (2012)「数学的モデリング指導を通じたモデルの共有化—現実世界の課題場面からの問題設定に焦点をあてて—」,『日本科学教育学会第 36 回年会論文集』, pp.109–112.

川上貴・松嵜昭雄 (2012)「小学校における数学的モデリングの指導の新たなアプローチ—現実世界の課題場面からの問題設定に焦点をあてて—」,『日本数学教育学会誌』, **94**(6), pp.2–12.

松嵜昭雄 (2000)「数学的モデリングを遂行する際の必要条件に関する一考察—原場面への着目と変数による問題の分類を通じて—」,『第 33 回数学教育論文発表会論文集』, pp.259–264.

松嵜昭雄 (2001a)『数学的モデリングの評価に関する基礎的研究—現実世界における問題の解決過程に焦点をあてて—』, 筑波大学大学院教育学研究科中間評価論文.

松嵜昭雄 (2001b)「数学的モデリングにおける原場面の役割に関する一考察—『リレー問題』の事例分析を通じて—」,『日本科学教育学会第 25 回年会論文集』, pp.271–272.

松嵜昭雄 (2002)「原場面の役割を視点とする数学的モデリング能力の同定—オーストラリア・ビクトリア州における数学教科書の問題分析を通じて—」,『筑波数学教育研究』, 第 22 号, pp.55–62.

松嵜昭雄 (2003)「数学的モデリング能力の検証—原場面に注目したモデル化能力の記述—」,『第 36 回数学教育論文発表会論文集』, pp.109–114.

松嵜昭雄 (2004)「数学的モデリング能力の検証 (2)—原場面に注目した数学化能力と数学的作業能力—」,『第 37 回数学教育論文発表会論文集』, pp.193–198.

Matsuzaki, A. (2007). How might we share models through cooperative mathematical modelling? Focus on situations based on individual experiences. In W. Blum, P. Galbraith, H. Hans-Wolfgang, & M. Niss (Eds.), *Modelling and Applications in Mathematics Education: The 14th ICMI Study*, pp.357–364, Springer.

松嵜昭雄 (2008)「数学的モデリング能力の特定方法に関する研究—原場面への注目と課題分析マップの援用—」,『筑波教育学研究』, 第 6 号, pp.119–133.

Matsuzaki, A. (2011). Using response analysis mapping to display modellers' mathematical modelling progress. In G. Kaiser, W. Blum, R. Borromeo Ferri, & G. Stillman (Eds.), Trends in Teaching and Learning of Mathematical Modelling: ICTMA 14, pp.499–508, Springer.

Matsuzaki, A. (2014). Confirming and supplementing of modelling competencies: Using applied response analysis mapping and focus on *Gen-Bamen*. *International Journal of Research on Mathematics and Science Education*, **2**, pp.17–32.

Matsuzaki, A., & Kaneko, M. (2015). Evidence of reformulation of situation models: Modelling tests before and after a modelling class for lower secondary school students. In G. Stillman, W. Blum, & M. Salett Biembengut (Eds.), Mathematical Modelling in Education Research and Practice: Cultural, Social and Cognitive Influences, pp.487–498, Springer.

Matsuzaki, A., & Kawakami, T. (2010) Situation models reformulation in mathematical modelling: The case of modelling tasks based on real situations for elementary school pupils. *Proceedings of the 5th East Asia Regional Conference on Mathematics Education*, **2**, pp.164–171.

Matsuzaki, A., & Saeki, A. (2013). Evidence of a dual modelling cycle: Through a teaching practice example for pre-service teachers. In G. Stillman, G. Kaiser, W. Blum, & J. Brown (Eds.), Teaching Mathematical Modelling: Connecting to Research and Practice, pp.195–205, Springer.

三輪辰郎 (1983)「数学教育におけるモデル化についての一考察」,『筑波数学教育研究』, 第 2 号, pp.117–125.

国立教育政策研究所編 (2004a)『生きるための知識と技能 2—OECD 生徒の学習到

達度調査 (PISA) 2003 年調査国際結果報告書―』，ぎょうせい．

国立教育政策研究所監訳 (2004b)『PISA2003 年調査評価の枠組み―OECD 生徒の学習到達度調査―』，ぎょうせい．

西村圭一 (2012)『数学的モデル化を遂行する力を育成する教材開発とその実践に関する研究』，東洋館出版．

大澤弘典 (1996)「現実場面に基づく問題解決―グラフ電卓を利用した合科的授業展開を通して―」，『日本数学教育学会誌』，**78**(9)，pp.16–20．

佐伯昭彦 (研究代表者)，(2002)『生徒個々の数学的モデリング能力に応じた総合学習の教材開発に関する研究―簡易テクノロジーを活用した数学と理科との総合学習―』，平成 12 年度～平成 13 年度文部科学省科学研究費補助金 (基盤研究 (C)) 研究成果報告書．

Saeki, A., & Matsuzaki, A. (2013). Dual modelling cycle framework for responding to the diversities of modellers. In G. Stillman, G. Kaiser, W. Blum, & J. Brown (Eds.), *Teaching Mathematical Modelling: Connecting to Research and Practice,* pp.89–99, Springer.

島田茂編著 (1995)『新訂算数・数学科のオープンエンドアプローチ―授業改善への新しい提案―』，東洋館出版．

SMP (1991a). *16–19 Mathematics: Problem solving, pupil's text*, Cambridge, University Press.

SMP (1991b). *16–19 Mathematics: Problem solving, unit guide*, Cambridge, University Press.

Stillman, G. (1996). Mathematical processing and cognitive demand in problem solving. *Mathematics Education Research Journal*, **8**(2), pp.174–197.

Stillman, G. (2000). Impact of prior knowledge of task context on approaches to applications tasks. *Journal of Mathematical Behavior*, **19**(3), pp.333–361.

Stillman, G., & Galbraith, P. (1998). Applying mathematics with real world connections: Metacognitive characteristics of secondary students. *Educational Studies in Mathematics*, **36**(2), pp.157–195.

Wild, C., & Pfannkuch, M. (1999). Statistical thinking in empirical enquiry. *International Statistical Review*, **67**(3), pp.223–265.

第**3**章

新たな数学的モデリング能力の 枠組みの提案

　本章では，数学的モデリング能力の新たな枠組みの提案として，原場面への着目とその意義について述べる。

　第2章第1節 (3) では，現実世界に関係する原場面の役割に着目し，暫定的な数学的モデリング能力を同定した。そこで，本章第1節では，規範的枠組みとして，数学に関係する原場面から同定することができる数学的モデリング能力について指摘する。また，記述的枠組みとして，応用反応分析マップにおける原場面の表示とその読み方について解説する。

　第2節では，数学的モデリング能力において原場面に着目する意義について検討していくため，フッサール現象学にもとづく哲学的考察をおこなう。そして，フッサール現象学の方法を視点として，原場面の機能を同定する。

第1節　原場面に着目した数学的モデリング能力の枠組み

　第2章第2節 (3) で述べたように，数学的モデリング能力の新たな枠組みの提案に向けて，鍵概念となる原場面について再考する。翻って，原場面とは，「解決者が自身の経験にもとづき想起する場面」(松嵜, 2002, p.133) である。数学的モデリング能力の特定に向けて，なぜ原場面に着目する必要があるのだろうか。数学的モデリングの評価では，解決結果 (product) だけではなく，解決過程 (process) を評価対象として取り上げる必要がある。数学的モデリングの進行等に影響を及ぼす原場面への着目は，解決過程の焦点化に役立つことが期待できる。

物理主義的理論と両立しないクオリア (qualia) は，『MIT 認知科学大事典』(ウィルソン・ケイル, 2012) によれば，「心的状態の質的，体験的，ないし感性的な性質を特徴づけるのに用いられる」(p.292) 用語であり，捉えることが困難である。山下 (2012) は，風景と自己形成との関わりの側面に注目し，原風景を〈個人的な原風景〉と〈共有される原風景〉に分けている。前者は「日常的な意識に上らないが，自己にとって重要な核となって深いところにあるもの，すなわち，内在化された環境を風景として捉えたもの」(p.51) であり，これもまた捉えることが困難である。

(1) 原場面の役割に着目した規範的枠組み

第 2 章第 1 節 (3) の中で，数学的モデリングの図式に照らし合わせて，現実世界に関係する原場面の役割に対応する形で，暫定的な数学的モデリング能力を指摘した。ところで，原場面は，現実世界に位置するものだけなのだろうか。例えば，松嵜 (2004) は，高校生 (Meg と Yoshi) を対象としたペア学習の形態を取り入れたモデリング実験調査において，「β 数学化」や「γ 数学的作業」の各過程の進行に影響を及ぼす原場面について検討している。被験者らは，モデリング問題「机で読書をするために必要な明るさはどれくらいですか。」に取り組む中で，天井に設置してある光源の蛍光灯から距離が離れるにつれて変化する明るさのデータ (図 3.1) を測定している。

図 **3.1** 光源からの距離と明るさの測定データ
(松嵜, 2004, p.195)

被験者らは，光源からの距離を横軸，明るさを縦軸とする座標平面上に測定データをプロットし，近似により，2つの変数の関係を求めようとした。Meg は直線近似をおこなった (図 3.2) のに対し，Yoshi は曲線近似をおこなった (図 3.3)。

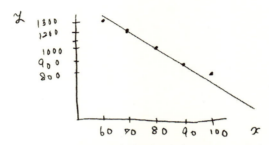

図 **3.2** Meg による直線近似 (松嵜, 2004, p.195)

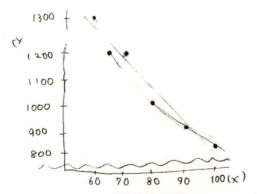

図 **3.3** Yoshi による曲線近似 (松嵜, 2004, p.195)

2 人の近似方法が異なったため，教師は協働して問題を解決するよう促した。以下は，そのときの教師と生徒のやりとりの一部である；

9:49　Teacher：2人で意見まとめてみてよ。
9:53　Yoshi：なんか比例，反比例じゃないのって…，ありませんでしたっけ？
9:58　Teacher：比例もあるし反比例もあるよ，もちろん。
10:02　Meg & Yoshi：どっちも合体させる。
10:03　Teacher：あー，どっちも合体させる。あー，そうか。
10:05　Meg：比例の右下がりバージョンと，反比例の合わせた公式。

(松嵜, 2004, p.195)

そこで，教師は，2人が同時に発言した「どっちも合体させる」というイメージをグラフで表すように指示した。Meg は比例と反比例の間を通るようなグラ

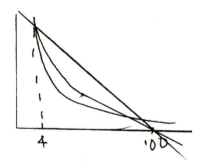

図 3.4　Meg によるグラフの「合体」(松嵜, 2004, p.196)

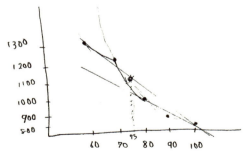

図 3.5　Yoshi によるグラフの「合体」(松嵜, 2004, p.196)

フを描き (図 3.4)，Yoshi は比例と反比例をつなぎ合わせたようなグラフを描いた (図 3.5)。

このように，2 人に共通した「合体」というアイデアは異なるものであった。換言すれば，Meg は 2 つのグラフの平均をとるアイデアであり，Yoshi は変域毎にグラフをつないでいくアイデアであった。つまり，それぞれ異なる数学の既習を活かしてはいるものの，ペア学習において共有し得ない (Not-able-to-be-shared) モデルとなっていた (Matsuzaki, 2007)。これから，数学に関係する原場面も想定し得る。そこで，数学に関係する原場面の役割として，以下の 4 つを指摘することができる。なお，(GMC-) は，数学に関係する原場面についてのプレフィックスを表している；

(GMC1) 数学的結論や現実場面，現実モデル，問題を保証する役割
(GMC2) 「β 数学化」の拠り所としての役割
(GMC3) 「γ 数学的作業」の妥当性を検証する役割
(GMC4) 数学的結論の適用可能性を探る役割

これらの数学に関係する原場面の役割に対応する形で，以下の 8 点の数学的モデリング能力を指摘することができる；

(GMC1-a) 自身の数学的スキルに応じて，変数を操作することができる。
(GMC1-b) 自身の数学的判断で，解釈したり応用することができる。
(GMC2-a) 自身が妥当と考える数学的文脈に合わせて各変数を関係づけることができる。
(GMC2-b) 自身の数学的スキルで，数学的処理をおこなうことができる。
(GMC3-a) 得られた数学的結論に対して，数学的モデルを構成する変数及び変数間の関係を確認することができる。
(GMC3-b) 数学的モデルに対して，自身が設定した仮説や付与した条件を確認することができる。
(GMC4-a) 得られた数学的結論は，数学として妥当なものであるかどうか確認し適用することができる。
(GMC4-b) 新たな問題解決，もしくは，新たな数学的モデル，新たな数学

の理論構築に対して，得られた数学的モデルや数学的結論を適用することができる。

　これらの能力は，数学に関係する原場面の役割に注目し，規範的枠組みから同定される暫定的な数学的モデリング能力である。したがって，数学的モデリングの実際と照らし合わせることにより，能力を確認し補完していくことが必要となる。

　以上より，本研究では，数学的モデリング能力の規範的枠組みとして，第2章第1節 (3) で指摘した現実世界に関係する原場面 (GRC-) の4つの役割に着目して同定した能力8点と，上述した数学に関係する原場面 (GMC-) の4つの役割に着目して同定した能力8点を合わせた，計16点の能力について確認していくことになる。次の (2) では，数学的モデリングの実際を捉えていくための方法として，原場面を取り入れた記述的枠組みについて説明する。

(2) 原場面を取り入れた記述的枠組み

　課題分析マップは，教育目標の分析，解答記述等をもとにした誤答分析，学習の質的評価の手立てとして用いられている (Biggs & Collis, 1982; ビッグス・テルファー, 1985; Chick et al., 1988; Stillman, 1996; Stillman & Galbraith, 1998)。課題分析マップでもある反応マップ (例えば，図 2.8) では，問題解決で用いた数学的変数 (●) と数学以外の変数 (○) が区別される。変数間の結びつきは弧で示され，途中の帰結が関連する変数どうしを結ぶ直線の交点として示され，変数間の関係を視覚的に捉えることができる。また，左上の変数からはじまり右下の変数へとマップをたどっていくことで，問題解決の進行を追跡することができる。なお，解決が停止した場合は，( ]) で示す。

① 応用反応分析マップ

　反応マップを援用した，応用反応分析マップでは，問題解決に用いた変数すべてを採用するため，原場面も項目 (Cues) および変数として採用する。そこで，数学に関係する原場面を ◉ で示し，現実世界に関係する原場面を◎で示す。そして，最終的結果 (Final Result) を■で示す。また，インタビュー記録によるデータについては＊をつけておく。

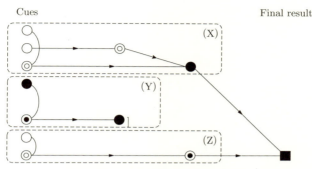

図 3.6 典型的な応用反応分析マップ (松嵜, 2015, p.16)

② 応用反応分析マップにおける原場面の読み

例えば，図 3.6 の典型的な応用反応分析マップでは，数学的変数と数学に関係する原場面の帰結が，最終的結果となっている。ここでは，図 3.6 の典型的な応用反応分析マップのうち，点線で囲んだ 3 つの枠内の原場面について説明する。

(X) をつけた枠では，2 つの数学以外に関係する原場面からの数学化による帰結が，数学的変数となっている。そのうち 1 つの現実世界に関係する原場面は，数学以外の変数の 1 つと結びついた項目として想起されている。

(Y) をつけた枠では，数学的変数と数学に関係する原場面の結びつきからの帰結である，数学的変数で解決が停止している。ここでの変数は，いずれも，最終的結果の導出に作用しておらず，数学的モデル作成の過程が中断しているか数学的モデルが破棄されている。

(Z) をつけた枠では，数学以外の変数と現実世界に関係する原場面との結びつきの結果，後者の項目からの帰結である数学に関連する原場面が最終的結論を導出する変数の 1 つになっている。ここでは原場面について数学化が進行している。

このように，応用反応分析マップにおける項目および変数の読みは，マップの読み手がモデラーの数学的モデリングの実際に対して説明を試みていることになる。したがって，モデラー以外の第三者が，マップを作成し，マップから

数学的モデリングの実際を読み解くことになる。第5章では，筆者が応用反応分析マップを作成し，作成したマップにもとづき，数学的モデリング能力を確認し補完していく。マップから数学的モデリングの実際を読み解く際に，特に，原場面のふるまいに注目していくことになる。

ここまで，数学的モデリング能力の新たな枠組みとして，原場面への着目を提案した。新たな枠組みを用いて，数学的モデリング能力を確認し補完していくために，原場面へ着目する意義について検討しておかねばならない。次節では，数学的モデリングにおける原場面のふるまいとして，原場面の機能について考察する。その方法は，フッサール現象学の方法を視点とする哲学的考察である。

第2節　フッサール現象学の方法を視点とする原場面の機能

メルロ゠ポンティの批判的考察を避け，イメージを捉える主張によると，イメージをめぐるテーゼからはイメージの源泉と主観に対する役割は認められない (松浦, 2000)。瀧本 (2000) は，ドゥルーズの著作『意味の論理学』に見られる，写真にまつわる表現の捉えを述べる中で，フォトジェニックな境位は「フッサールのノエマの核」(p.256) に相当すると述べている。

フッサール現象学の誤用や誤釈が多い中，フッサール現象学の復権と再考を問う動きが見られる (貫, 2003; 竹田, 1989, 2004)。本論文では，中後期フッサール現象学 (フッサール, 1979, 1995, 1999) の方法の特徴をレヴューし，数学的モデリングにおける原場面のふるまいとして，原場面の機能について考察をおこなう。なお，フッサール現象学の用語解説は，『現象学事典』(木田他, 1994) を参考にする。

近代的なものの見方の前提となっている〈主観—客観〉という図式に対して，「むしろ〈主観〉の内部だけで成立する『確信』(妥当) の条件を確かめることに問題の核心がある」(竹田, 1989, p.42) とフッサールは主張している。当然のことながら，主観の内にあるものを他者が把握することは困難であり，「〈主観〉から〈客観〉を説明する以外にはない」(同上, p.73)。

フッサール現象学の方法の中に，〈内在—超越〉原理という概念がある。こ

れは，『イデーン I』における現象学的還元論において重要な役割を果たしている。「『原的な体験』にあたるものを『内在』と呼び，"構成された事象経験" を『超越』」(竹田，1989, pp.90–91) と呼んでいる。この対概念は，意識の志向性により，その諸相と深化についての分析を可能とする。

(1) 原場面への着目とその意義

フッサールは『イデーン I–I』(フッサール，1979) や『イデーン I–II』(フッサール，1984) の中で，志向的体験における意識対象性の構成の問題を取り上げている。作用としてのノエシスと対象としてのノエマに対して，「ノエシス–ノエマ」構造は，経験と意味系列の関係づけである。また，現象学的還元による「ノエシス–ノエマ」構造にもとづく視点の場合，及び，十分徹底されていない還元として遂行される体験流の視点の場合，いずれの場合においても，意識主観の志向的体験として原場面を位置づける。このとき，原場面を現実世界に関係する場合も数学に関係する場合も想定し，双方に位置づくものとして，原場面を捉えていくことが必要である。

モデリング・ルート (図 2.7) は，数学的モデリングの図式と照らし合わせて過程進行を示している。ここで，場面モデルの取り扱いは数学的モデリング指導において重要である (Blum & Borromeo Ferri, 2009; Borromeo Ferri, 2007)。その背景にある鍵概念 MRS は，あくまでも現実世界に位置づくものとして限定的に捉えられている。本章第 1 節で取り上げたように，原場面は，現実世界に位置するものだけではなく，数学の世界に位置するものも想定し得る。つまり，原場面は，MRS の射程を広げ，数学的モデリングの実際をより詳細に捉えることを可能にする。

① 志向性

『現象学事典』(木田他，1994) では，「志向性」を次のように解説している；

> II　フッサールの場合フッサールによれば「志向性という言葉は，意識とは何かについての意識であり，コギトとしてそれ自身のうちにコギタートゥム〔＝意識内容としての志向的対象〕を保持しているという，意識のこの一般的な根本特性を意味して」[CM72] おり，(中略) 事実，彼の現象学的

考察は cogito-cogitatum の，すなわち，ノエシス–ノエマの相関関係を分析し記述する作業を通して，〈対象を志向し認識する意識主観の諸機能は何か〉という問いと，〈志向される対象は意識主観に対して，どのような仕方で存在者として与えられうるのか〉という問いをめぐって，順次展開され深められるのである。

（p.178, 下線筆者）

　志向性は，「対象へ向かう志向と地平志向性」，「対象に意味を付与する構成的能作としての志向性」，「受動的志向性」，「志向的総合と内的時間意識」等で特徴づけられる。次に，志向される対象と意識主観の相関と志向性の機能を明らかにしていくため，「ノエシス–ノエマ」構造に注目する。

② 「ノエシス–ノエマ」構造

　イメージの多重化システムのような〈ノエシス–ノエマ〉構造は，経験と意味系列の関係づけである。『現象学事典』(木田他, 1994) では，「ノエシス／ノエマ」を次のように解説している；

　　『論理学研究』では意識の志向性における「作用」と「対象」の平行性およびその相関関係が「一面的にノエシス的捉え方」によって考察されていた。それに対し，「志向性はノエシスとノエマとの両側面を本質的にもつこと」，しかもそれら「両本質は相互に不可分である」という認識のもとに，『イデーン I』ではノエマ的側面に考察の重点がおかれ［265］，とりわけ志向的体験における「意識対象性の構成」の問題が「ノエシス・ノエマ的構成」という面から探究される。また，ノエマは広義での「意味」(Sinn) と解され，「いかなる志向的体験もみなあるノエマを持ち，そのノエマにおいてある意味をもち，その体験は対象へと関係する」［278］。このように体験のノエマ的側面に目を向けることで意味付与作用と志向的対象についての踏み込んだ分析が可能になった。」

（p.383, 下線筆者）

(2)　原場面の機能

　フッサール現象学の核心である現象学的還元に対して，十分徹底されていな

第 2 節　フッサール現象学の方法を視点とする原場面の機能　45

い還元として遂行される体験流について，ヘルト (1978) は「先反省的な，根源的に合一的な存在の謎は解かれないままになっている」(p.131) と述べている。作用としてのノエシスと対象としてのノエマを一体化として捉え，意識主観の志向的体験として原場面を位置づける。

① 地平機能

　現象学的還元における自我の先反省的綜合に対して，ヘルト (1978) は，「『内在的な』時間の圏域，すなわちすでに最初の超越において構成されたノエシス的意識源の圏域においても，なおも保たれているような地平意識のことなのである」(p.126) と指摘している。『現象学事典』(木田他, 1994) では，「地平」を次のように解説している；

　　　地平の概念はフッサールによって独特の意味を込めて使用され，彼の現象学の展開のなかで，大きく発展させられた。晩年にいたるにつれて，もともと先行思念や意識の非主題性と結合して主観的であったこの概念が，より客観主義的様相を帯びる。この点で後期のフッサールの哲学は，「地平の現象学」と名づけても構わないくらいである。

　Ⅰ　基本的定義

　(中略) フッサールでは，もともと，意識の構造のうちに地平は見いだされている。

　　地平概念の源泉は，意識とくに体験が顕在性-非顕在性の力動性のうちに置かれていることに見いだされる。(中略)意識は志向的体験として把握され，…。

　　意識体験における非顕在性は単にノエマ的方向に認められるだけではなく，かえってノエシスの側においても機能している。(中略)「志向的体験は『背景』としてすでに非反省的に現に存し，…。(中略) フッサールは，…非反省的体験の領野を可視性の限界と考え，それを「背景」になぞらえて，「地平」と名づけたのである。

　Ⅱ　現象学における地平概念フッサールにおいて地平概念は，ただ単に重要な鍵概念であるだけではなく，彼の現象学の発展とともにますますその重みをましてゆき，深化させられ，ついにはフッサール最晩年の哲学は「地

平の現象学」と呼ぶことのできるものになる。このようにいうのは，地平
は個々の知覚的現出者の背景という意味を超えて，さらに「別様の仕方で
ありうるものの全体」とか，「可能性の遊動空間」という意味を獲得するか
らである。

(pp.323–324，下線筆者)

　地平の構造には，「内部地平」，「外部地平」，「地平の地平」等がある。数学的
モデリングでは，解決が成功的であっても不成功であっても，解決の拠り所が
重要であり，そこへ原場面が大きく影響を及ぼしている。このとき，体験のノ
エマ的側面として対象となる原場面として機能する場合もあれば，ノエシスと
して作用する原場面もある。これらを総合的に捉えて，数学的モデリングの進
行を追跡していくことが能力の把握につながる。このように，ノエマ的側面で
ある対象とノエシス的側面である作用の総合的な働きを，原場面の地平機能と
呼ぶことにする。

② 反省機能

　十分徹底されていない還元に対する「ノエシス–ノエマ」構造について，ヘル
ト (1978) は，「過ぎ去ったノエシスは，私によって遂行されたものであるからこ
そ，過去のノエシスをふり返る私の能力の領野のうちにあるのである」(p.129)
と指摘している。実際の数学的モデリングにおいて，立ち返ったり立ち止まる
先は，現実場面とは限らない。むしろ，モデリング・ルート (図 2.7 参照) に示
されるように，数学的モデリングは行きつ戻りつ進行していく。そのとき，他
者と共有されることはなくとも，個々の経験に立脚した立ち返りや立ち止まり
を見逃すことは出来ない。これを，原場面の反省機能と呼ぶことにする。

　本研究では，原場面の地平機能と反省機能を視点として，数学的モデリング
能力を確認し補完していく。つまり，応用反応分析マップを用いて視覚化した
数学的モデリングの実際において，原場面の機能がどのように関与しているの
か読み解いていく。これから，数学的モデリング能力の新たな枠組みの準備が
整ったことになる。次章では，数学的モデリングの実際を捉えていくための実
験調査の設計について説明した上で，実施した実験調査におけるモデリングの
概要について述べる。

第3節　第3章のまとめ

　第3章では，数学的モデリング能力の新たな枠組みの提案として，原場面への着目とその意義について述べた。

　第1節では，数学に関係する原場面の4つの役割に着目して8点の数学的モデリング能力を同定した。第2章第1節(3)で取り上げた，現実世界に関係する原場面の4つの役割に着目して同定した8点の数学的モデリング能力と合わせて，計16点が数学的モデリング能力の新たな規範的枠組みとなる。また，新たな記述的枠組みとして，反応マップを援用した，応用反応分析マップを取り上げた。応用反応分析マップでは，問題解決に用いた変数すべてを採用しており，次の4つの変数を区別した：「数学的変数」，「数学以外の変数」，「数学に関係する原場面」，「現実世界に関係する原場面」。そして，応用反応分析マップにおける原場面の表示とマップの読みについて解説した。応用反応分析マップにおける項目及び変数の読みは，マップの読み手がモデラーの数学的モデリングの実際に対して説明を試みていることになる。したがって，モデラー以外の第三者が，マップを作成し，マップから数学的モデリングの実際を読み解くことになる。

　第2節では，数学的モデリング能力の特定に向けて，原場面に着目する意義について検討していくため，フッサール現象学にもとづく哲学的考察をおこなった。具体的には，中後期フッサール現象学の方法の特徴である，志向性と「ノエシス-ノエマ」構造を適用して，次の2つの原場面の機能を同定した：1つ目の地平機能は，ノエシス的側面である作用とノエマ的側面である対象の総合的な働きである。2つ目の反省機能は，過去のノエシスを振り返る働きである。本研究では，原場面の地平機能と反省機能を視点として，数学的モデリング能力を確認し補完していく。つまり，応用反応分析マップを用いて視覚化した数学的モデリングの実際において，原場面の機能がどのように関与しているのか読み解いていく。以上より，数学的モデリング能力の新たな枠組みの準備が整った。

引用・参考文献

Biggs, J., & Collis, K. (1982). *Evaluating the quality of learning: The SOLO taxonomy (structure of the observed learning outcome)*, Academic Press.

ビッグス，J.・テルファー，R. 著並木博・岩田茂子・藤谷智子・長井進訳 (1985)『教師と親のための心理学――教育と学習の過程 A：基礎編――』，啓明社.

Blum, W., & Borromeo Ferri, R. (2009). Mathematical modelling: Can it be taught and learnt? *Journal of Mathematical Modelling and Application*, **1**(1), pp.45–58.

Borromeo Ferri, R. (2007). Modelling problems from a cognitive perspective. In C. Haines, P. Galbraith, W. Blum, & S. Khan (Eds.), *Mathematical Modelling (ICTMA12)—Education, Engineering and Economics,* pp.260–270, Horwood.

Chick, H., Watson, J., & Collis, K. (1988). Using the SOLO taxonomy for error analysis in mathematics, *Research in Mathematics Education in Australia*, pp.34–46.

クレスゲス，U. 著，鷲田清一・魚住洋一訳 (1978)「V フッサールの〈生活世界〉概念に含まれる二義性」，新田義松・小川侃編『現代哲学の根本問題第 8 巻 現象学の根本問題』，pp.81–104，晃洋書房.

ヘルト，K. 著，小川侃訳 (1978)「VI〈生き生きとした現在〉の謎」，新田義松・小川侃編『現代哲学の根本問題第 8 巻 現象学の根本問題』，pp.105–148，晃洋書房.

ヘルト，K. 著，浜渦辰二訳 (2000)『20 世紀の扉を開いた哲学――フッサール現象学入門――』，九州大学出版会.

フッサール，E. 著，渡辺二郎訳 (1979)『イデーン I–I 純粋現象学と現象学的哲学のための諸構想 (イデーン) 第 1 巻〔純粋現象学への全般的序論〕』，みすず書房.

フッサール，E. 著，渡辺二郎訳 (1984)『イデーン I–II 純粋現象学と現象学的哲学のための諸構想 (イデーン) 第 1 巻〔純粋現象学への全般的序論〕』，みすず書房.

フッサール，E. 著，細谷恒夫・木田元訳 (1995)『ヨーロッパ諸学の危機と超越論的現象学』，中公文庫.

フッサール，E. 著，ランドグレーベ，L. 編 長谷川宏元訳 (1999)『フッサール〈新装版〉 経験と判断』，河出書房新社.

梶尾悠史 (2014)『フッサールの志向性理論――認識論の新地平を拓く――』，晃洋書房.

木田元・野家啓一・村田純一・鷲田清一編 (1994)『現象学事典』，弘文堂.

松浦寿輝 (2000)「見えるものと見えないもの――第 4 巻のためのプロレゴメナ――」，

小林康夫・松浦寿輝編『表象のディスクール 4 イメージ—不可視なるものの強度—』，pp.1–11，東京大学出版会.

松嵜昭雄 (2002)「数学的モデリングにおける原場面の作用に関する一考察—数学教育学・理科教育学に関心をもつ大学院生を調査対象として—」，『第 35 回数学教育論文発表会論文集』，pp.133–138.

松嵜昭雄 (2004)「数学的モデリング能力の検証 (2)—原場面に注目した数学化能力と数学的作業能力—」，『第 37 回数学教育論文発表会論文集』，pp.193–198.

Matsuzaki, A. (2007). How might we share models through cooperative mathematical modelling? Focus on situations based on individual experiences. In W. Blum, P. Galbraith, H. Hans-Wolfgang, & M. Niss (Eds.), *Modelling and Applications in Mathematics Education: The 14th ICMI Study,* pp.357–364, Springer.

松嵜昭雄 (2015)「数学的モデリングの記述的枠組みにおける原場面の機能—中後期フッサール現象学の方法の適用—」，『日本数学教育学会誌』，**97**(3)，pp.14–23.

西研 (2001)『哲学的思考—フッサール現象学の核心—』，筑摩書房.

貫成人 (2003)『経験の構造—フッサール現象学の新しい全体像—』，勁草書房.

Stillman, G. (1996). Mathematical processing and cognitive demand in problem solving. *Mathematics Education Research Journal*, **8**(2), pp.174–197.

Stillman, G., & Galbraith, P. (1998). Applying mathematics with real world connections: Metacognitive characteristics of secondary students. *Educational Studies in Mathematics*, **36**(2), pp.157–195.

竹田青嗣 (1989)『現象学入門』，日本放送出版協会.

竹田青嗣 (1993)『はじめての現象学』，鳴鳥社.

竹田青嗣 (2004)『現象学は〈思考の原理〉である』，筑摩書房.

瀧本雅志 (2000)「ドゥルーズと写真の論理学—対象 P をめぐる倒錯と実践—」，小林康夫・松浦寿輝編『表象のディスクール 4 イメージ—不可視なるものの強度—』，pp.247–268，東京大学出版会.

山下暁子 (2012)「原風景の位相と教育についての試論」，『学校教育学研究論集』，第 26 号，pp.51–63.

ヴァルデンフェルス，B. 著 山口一郎監訳 (2009)『経験の裂け目』，知泉書館.

ウィルソン，R.・ケイル，F. 編，中島秀之監訳 (2012)『MIT 認知科学大事典』，共立出版.

第**4**章

数学的モデリング能力についての実験調査

　本章では，数学的モデリング能力についての実験調査の設計と概要を示す。

　第1節では，数学的モデリング能力についての実験調査の設計を説明する。

　筆者は，これまで，高校生のペアを被験者とする実験調査 (松嵜, 2003, 2004; Matsuzaki, 2004, 2007) の他，小学生を対象とした実験授業 (川上・松嵜, 2012; Matsuzaki & Kawakami, 2010) と中学生を対象とした実験授業 (金児・松嵜, 2012; Matsuzaki & Kaneko, 2015) を実施してきた。これらの実験調査ならびに実験授業は，近未来の算数・数学授業において数学的モデリングが本格的に導入されることを想定して，主に，小集団や教室内での数学的モデリングを意識した取組として位置づけられる。一方で，個々の数学的モデリングに焦点を当てた実験調査も実施してきた。このような実験調査ならびに実験授業で得られたデータは，数学的モデリング能力を特定していくための基礎的資料となる。

　第2節では，大学院生を被験者とする，数学的モデリング能力についての実験調査の概要を示す。これまで，個々の数学的モデリングの追跡と数学的モデリング能力の特定に向けた実験調査は，大学院生と社会人を対象として実施してきた (松嵜, 2002; Matsuzaki, 2011)。本論文では，特に，数学に関係する原場面の現出と中等教育段階までに学習した算数・数学を利用した問題解決を期待し，大学院生を被験者とする実験調査を取り上げる。

第1節　数学的モデリング能力についての実験調査の設計

　実験調査の目的は，数学的モデリングにおける原場面を特定することである。実験調査は2回に分けて実施する (松嵜, 2002; Matsuzaki, 2004, 2007, 2011,

2014)。各調査において，被験者は，発話思考法 (Think-aloud method) により，問題解決をおこなう。発話思考法とは，「課題を達成する間に頭に浮かんだことをすべて，声に出して語ること」(海保・原田, 1993, p.82) であり，数学的モデリング研究に援用した取組は，管見の限り見当たらない。また，第2回目実験調査前に，発話プロトコルやワークシート等の資料をもとに，再生刺激法 (Stimulated recall procedures) (Bloom, 1953) によるインタビュー調査 (岡本, 1992; 渡辺・吉崎, 1991) も実施する。

再生刺激法は，Bloom (1953) がはじめて用いた方法であると言われており，授業研究に数多く用いられている。この方法は，問題解決者の解決過程をビデオ撮影し，事後にビデオを再生することで解決者に対して刺激として与え，内省報告を求めるものである。例えば，岡本 (1992) は，再生刺激法の利点の1つとして，課題遂行時における心的過程に即した報告が得られることを挙げている。さらに，より課題遂行時のアイデア等を詳細に言語化するために，自由に話を行う形態 (笹金, 2012) を採用してインタビューを実施する。このような再生刺激法を援用することにより，各学習場面における被験者の個人特性を捉える (伊藤, 1998) ことが可能となり，本研究における実験調査の目的である原場面の特定と確認を期待できる。つまり，本研究における再生刺激法の役割は，第1回目実験調査時の発話思考法により問題解決を遂行した被験者の原場面を特定し確認することとなる。また，第2回目実験調査では，解決に必要となるデータ等を収集し，第1回目実験調査と同様の現実場面に関する問題解決に取り組むことになる。つまり，第2回目実験調査に取り組む際，第1回目実験調査時の問題解決過程を振り返る契機ともなり得る。なお，再生刺激法の結果，特定と確認が出来た原場面等は，次章で作成する応用反応分析マップに反映させる。

数学的モデリング能力についての実験調査の手続きは以下の通りである。

第1回目実験調査では，まず，実験調査の流れを説明した上で，発話思考法について説明する。このとき，現時点での課題進行状況を把握するため，ワークシート上の問題や課題について朗読するよう指示した。また，質問等がある場合は，調査を実施した部屋 (セミナー室) の外に待機している筆者を呼び，質問してもよいこととした。次に，被験者の問題解決が記録できる場所に設置したビデオカメラ1台による録画を開始した後，筆者がセミナー室の外で待機する。

そして，被験者は「はじめ」と発言してから，手元のワークシートを開き，発話思考法をおこないながら課題に取り組む．解決が終了したら，被験者は「おわり」と発言する．ここで，第1回目調査は終了となる．

　再生刺激法によるインタビュー調査実施前に，筆者がプロトコルを作成する．そして，第1回目調査時のワークシートやビデオカメラで撮影した画面等を見ながら，当時の課題遂行時のアイデア等を確認するために，筆者がインタビュアとなり，再生刺激法によるインタビューを実施する．その後，ルクス計 (あかりチェッカー LC-1 型，図 4.1) を用いて，セミナー室の明るさを測定する他，解決に必要となるデータ等をインタビュアと協力して収集する．なお，0〜2,000 ルクスまで測定可能であるルクス計には，照度基準が帯状に示されている (例えば，勉強・読書の照度基準は 500〜1,000 ルクス)．

図 4.1　ルクス計

　第2回目実験調査においても，第1回目実験調査時と同様，被験者は，手元のワークシートを開き，発話思考法を行いながら課題に取り組む．

　実験調査の流れは，以下のようになっている．

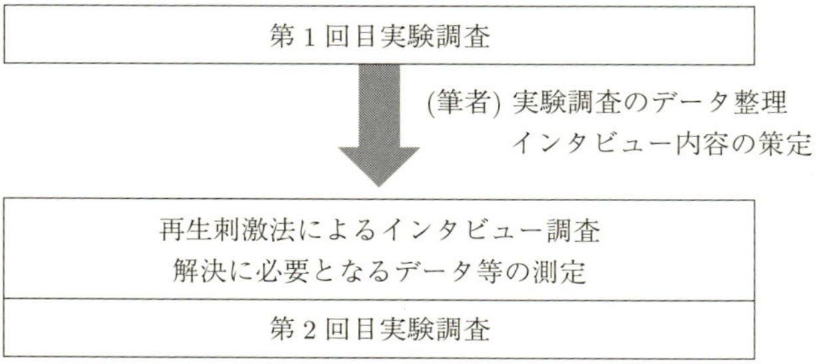

```
         ┌─────────────────────┐
         │   第 1 回目実験調査   │
         └─────────────────────┘
                    │   (筆者) 実験調査のデータ整理
                    ▼          インタビュー内容の策定
         ┌─────────────────────┐
         │ 再生刺激法によるインタビュー調査 │
         │ 解決に必要となるデータ等の測定  │
         │   第 2 回目実験調査   │
         └─────────────────────┘
```

図 **4.2** 実験調査の流れ図

(1) 第 1 回目実験調査

はじめに「机で読書をするために必要な明るさはどれくらいですか。」という現実場面を提示し，4 つの課題に取り組む．

(1a) 上の問題を解くにあたって必要なことは何ですか？
(1b) (1a) を考えるにあたって，どのようなことをイメージしましたか？
(1c) (1a) の必要なことの全部もしくは幾つかを使って問題をつくって下さい．
(1d) (1c) でつくった問題を，実際に解いてみて下さい．

課題 (1a) は，問題を仮定するための条件に関する問いである．

課題 (1b) は，問題を仮定するための条件を考える際に想起する原場面に関する問いである．

課題 (1c) は，条件の取捨選択と選択した条件を用いて，問題づくりをおこなうように促すための指示である．

課題 (1d) は，課題 (1c) でつくった問題を解決するように促すための指示である．

(2) 第 2 回目実験調査

はじめに，第 1 回目調査時の発話プロトコルやワークシート等の資料をもとに，インタビューを実施する．その後，ルクス計を用いて，調査を実施したセミナー室の明るさを測定し，再び課題に取り組む．

> (2a) 前頁のデータを参照して問題をつくります。問題をつくるにあたって，どのようなことをイメージしますか？
>
> (2b) 問題をつくるにあたり，前頁のデータ以外に必要なことは何ですか？
>
> (2c) 前頁のデータ及び (2b) の必要なことの全部もしくは幾つかを使って問題をつくって下さい。
>
> (2d) (2c) を考えるにあたって，どのようなことをイメージしましたか？
>
> (2e) (2c) でつくった問題を，実際に解いてみて下さい。

課題 (2a) は，問題を仮定するための条件を考える際に想起する原場面に関する問いである。

課題 (2b) は，ルクス計による測定値やデータ以外の条件に関する問いである。

課題 (2c) は，条件の取捨選択と選択した条件を用いて，問題づくりをおこなうように促すための指示である。

課題 (2d) は，問題づくりの際に想起する原場面に関する問いである。

課題 (2e) は，課題 (2c) でつくった問題を解決するように促すための指示である。

なお，ワークシートには，部屋の寸法，住宅に関する JIS 照度基準 (図 4.3) を掲載しておいた。

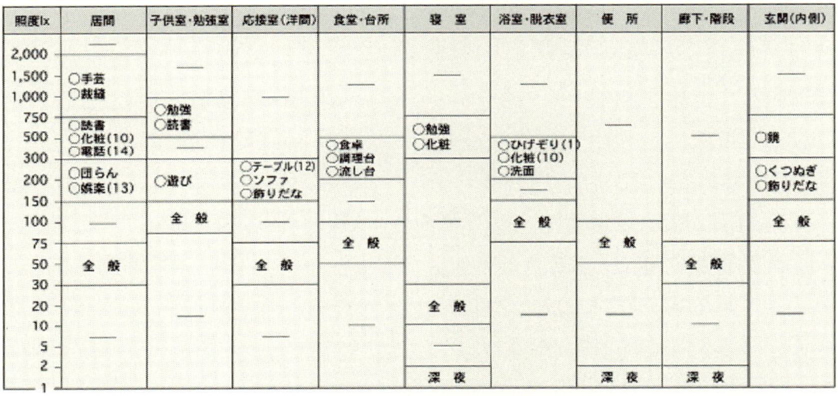

照度lx	居間	子供室・勉強室	応接室(洋間)	食堂・台所	寝室	浴室・脱衣室	便所	廊下・階段	玄関(内側)
2,000									
1,500	○手芸								
1,000	○裁縫								
750		○勉強			○勉強				
500	○読書	○読書		○食卓	○化粧	○ひげそり(1)			○鏡
300	○化粧(10) ○電話(14)			○調理台		○化粧(10)			
200	○団らん	○遊び	○テーブル(12)	○流し台		○洗面			○くつぬぎ
150	○娯楽(13)		○ソファ ○飾りだな						○飾りだな
100		全般				全般			全般
75				全般			全般		
50	全般		全般					全般	
30									
20					全般				
10									
5									
2					深夜	深夜		深夜	
1									

図 **4.3** JIS 照度基準 (住宅)

56 第 4 章 数学的モデリング能力についての実験調査

| 第 2 節 | 数学的モデリング能力についての実験調査におけるモデリングの概要 |

　分析対象となるデータは，各回実験調査におけるワークシート (付録 A.1 及び A.2 参照) への解答記述 (テキスト)，発話プロトコル (付録 B.1 及び B.3，付録 C.1 及び C.3 参照)，そして，第 2 回目実験調査前に実施した，再生刺激法によるインタビュー調査結果 (付録 B.2，付録 C.2 参照) である。これらのデータをもとに，応用反応分析マップを作成する。なお，発話思考法により課題に取り組んでいる様子における「×××」は，録画したビデオから聞き取ることができなかった部分である。

　本論文では，2 名の被験者を取り上げる。被験者は，茨城県内国立大学の修士課程在学中の大学院生 (IH) と同大学博士課程在学中の大学院生 (NT) である。当時，2 人の学生はともに教科教育学に関心を持ち，被験者 IH は数学教育学に関心を持ち数学の研究に取り組み，また，被験者 NT は理科教育学の研究に取り組んでいた (松嵜，2002, 2008, 2015; Matsuzaki, 2011, 2014)。

(1)　被験者 IH のモデリングの概要

　被験者 IH は，当時，数学 (幾何学) の研究に取り組んでいた大学院生であり，将来，数学科教員を目指していた。第 1 回目実験調査は 2002 年 6 月 29 日 (土) に実施し，再生刺激法によるインタビュー調査と第 2 回目実験調査は 2002 年 7 月 9 日 (火) に実施した。なお，所要時間は，第 1 回目実験調査が 56 分，再生刺激法によるインタビュー調査が 8 分 53 秒，第 2 回目実験調査が 27 分 37 秒であった。

① 第 1 回目実験調査におけるモデリングの概要

　課題 (1a) では，被験者 IH は，「光源と本 (問題用紙) の距離，ここでの光源は，太陽光と照明」，「明るさの単位」，「明るさを導く公式 or 明るさを使った公式」，「読書時に必要な光量 (明るさ) の基準のようなもの」といった項目を挙げていた。このとき，光が本にあたる様子等を何度も手で表現しながら (図 4.4 及び図 4.5)，自分が読書をする様子 (図 4.6) を再現しており，これが原場面となっている。

第 2 節 数学的モデリング能力についての実験調査におけるモデリングの概要 57

表 4.1 被験者 IH の課題 (1a) の取組

時間	発話思考法により課題に取り組む様子	備　考
00：00 03：41	はじめ。 図 4.4　本を広げている様子	(1a) 開始
03：45		右手を斜め上から下ろす。
	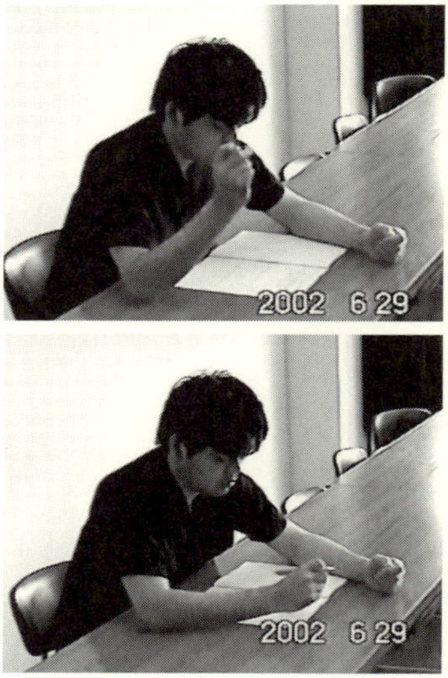 図 4.5　光が本にあたる様子	
04：08		右手を斜め上から下ろす。

課題 (1b) では，課題 (1a) と同様の場面が原場面となっている。

58　第 4 章　数学的モデリング能力についての実験調査

表 4.2　被験者 IH の課題 (1b) の取組

時間	発話思考法により課題に取り組む様子	備　考
04：41		(1b) 開始
08：35		本を読む格好をする。
	図 4.6　本を読む様子	
08：40		右手を斜め上から下ろす。

　課題 (1c) では，被験者 IH は，「A 君が読書をしています。A 君は健康に気を遣う少年で，十分な光量を必要とし，机にしっかり座って，読書をしようと思いました。そのとき照明との明るさはどれくらいがよいか。」という問題をつくり，もとの現実場面に対して，光源と距離を話題に取り上げていた。

表 4.3　被験者 IH の課題 (1c) の取組

時間	発話思考法により課題に取り組む様子	備　考
08：43	ライトが来るから…。ライトが来る。	(1c) 開始
09：00	そうして。	左手を斜め上から下ろす。

第 2 節　数学的モデリング能力についての実験調査におけるモデリングの概要　59

図 4.7　照明の光が差し込む様子

　課題 (1d) では，被験者 IH は，「照明の明るさを A，光の速度 C，光源との距離を l」とおいて，「照明の明るさは距離が大きくなると暗くなるという反比例の関係から $Al = b\,(b：一定)$」と仮定していた。

表 4.4　被験者 IH の課題 (1d)(1e) の取組

時間	発話思考法により課題に取り組む様子	備　考
14：39		(1d) 開始
24：32	求めたいのは光源とこの距離。で，×××できる。	
25：10	イメージがわかないなぁ。	
25：16	図 4.8　ワークシートの前頁をめくる様子	前頁に戻る。
25：18	問題，変えちゃおうかなぁ。	
25：23	他にないしなぁ。	

　ここでは，光源から離れれば離れるほど，照度が落ちるという数学に関係する原場面であり，被験者 IH はこの関係式を「勝手につくったもの」とインタビューで応えていた。ある光源から離れたところにある面の明るさは，光源の強さを一定にすると，光源からの距離の 2 乗に反比例する関係になっている (松

嵜, 2011)。

はじめに，被験者 IH は，光が到達するまでの「距離 l を n 個に分割して $\dfrac{l}{n}$ で考えて」いた。A と C は，ともに単調減少するとして，$A_i = \alpha C_i (\alpha : 一定)$ とおいていた。C と l の関係については，C はあまり減少しないと仮定し，$l = CT\,(T \fallingdotseq 0)$ という関係を導出していた。途中，$l = 10$ cm と固定し，これらの関係をはじめに仮定した反比例の関係式に代入し，$A = 10b$ (単位) と求めていた。

② 第 2 回目実験調査におけるモデリングの概要

再生刺激法によるインタビュー調査 (B.2 参照) 後，被験者 IH は，インタビュアとともに，ルクス計と巻尺を用いて，「明るさ P」と「光源からの距離 l」を測定した (図 4.9)。

図 4.9　ルクス計と巻尺を用いて測定する様子

課題 (2a) では，被験者 IH は，第 1 回目実験調査の課題 (1c) で被験者自身がつくった問題と測定データとの間の関係を話題に取り上げていた。ここでの原場面は第 1 回目実験調査時の (光源の) 明るさと距離の関係についての問題とセミナー室である。

表 4.5　被験者 IH の課題 (2a) の取組

時間	発話思考法により課題に取り組む様子	備　考
00：00	「前頁のデータを参照して問題をつくります。問題をつくるにあたって，どのようなことをイメージします	(2a) 開始

時間		
00：30	か？」データを参照して問題をつくります。	
00：58	データを参照して，問題をつくるということだから…。	
01：28	「明るさと距離の関係とはどのようなものか。」	
01：41	データが既にあって，資料もあって，最適な明るさというのが分かっているので…。	
02：59	光源と書物との距離を求める。	
	光源との距離…どれだけ…ということを言えばいいから…。	

　課題 (2b) では，被験者 IH は，巻尺を用いて距離を測定しながら，蛍光灯にルクス計を近づけた場合と遠ざけた場合について測定していた。

表 4.6　被験者 IH の課題 (2b) の取組

時間	発話思考法により課題に取り組む様子	備　考
03：18	(2b)「問題をつくるにあたり，前頁のデータ以外に必要なことは何ですか？」	(2b) 開始
03：46	1 ルクスって…，1 ルクスが…。1 ルクスがどれくらいの量に置き換えられるか。つまり単位が変わる。	
04：26	1 ルクス ＝ 何か？	
04：35	hPa と mmb。hPa と mmb。	
04：57	Pa と…水銀が 1 気圧に対してどれくらい上がるかというのもありますよね。あとは…。	

　課題 (2c) では，被験者 IH は，「光源自体は 1,000 ルクスとする。光源と書物との距離の最適はどれくらいか。ちなみに，このデータは外光も含む。」という問題をつくった。

表 4.7　被験者 IH の課題 (2c) の取組

時間	発話思考法により課題に取り組む様子	備　考
05：32	「前頁のデータ及び (2b) の必要なことの全部もしくは幾つかを使って問題をつくって下さい。」	(2c) 開始
05：54	光源と書物との距離。	
06：40	光源自体は 1,000…。	
06：59	ちなみに，このデータは外光も含む。	
07：11	データ採ったときに，外光も入ってしまったので…。外光も光源とみなしてしまい…，上手く…都合よくしちゃいましょう。	

62　第 4 章　数学的モデリング能力についての実験調査

　課題 (2d) では，被験者 IH は，「表やグラフを作成して，関係を見る」他に，
第 1 回目でつくった問題の解答を確認しようしていた。ここでの原場面は第 1
回目の問題，つまり課題 (2c) でつくった問題ということになる。

　課題 (2e) では，被験者 IH は，ルクス計で測定した実データを用いて，表と
グラフを作成していた。図 4.10 内の表 1 は実測値であり，表 2 は修正した値
である。

表 4.8　被験者 IH の課題 (2d), (2e) の取組

時間	発話思考法により課題に取り組む様子	備　考
07：55		(2d) 開始
08：46	最後の問題をやってみます。	(2e) 開始
08：56	まず表をつくります。	
09：03	光源からの距離を l として…，明るさを…。明るさ…明る い…。明かりって英語で何て言うのかな…。Phone… Phone？ P としよう。明るさを P 。	
09：49	で，P と l の表を作成。	
10：09	一番離れている地面の状態のとき 400。	
10：22	机の上の状態…230 のとき 500 弱。	
10：36	中間点…150 のとき 500 強。500 強。	
11：00	で，65 のとき…。	
11：22	ということなので，光源を 1000 ルクスとする。つま り，ずらす…ずらす。照明の上をカット。	両手で表現する。
11：54		

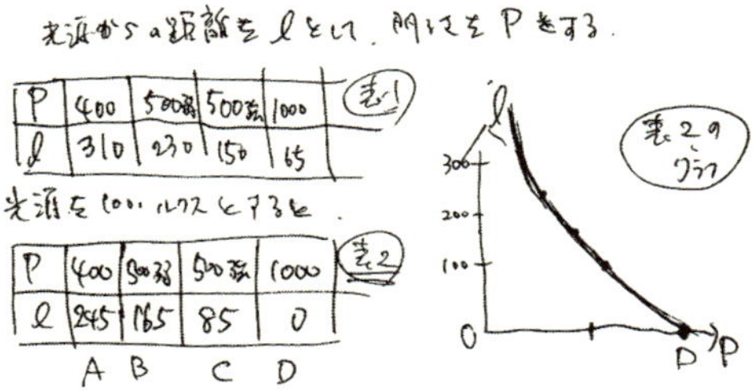

図 4.10　ワークシート上にかいた表とグラフ

| | 全部に…65 を引くと。310 のとき 65 引くと 245。230
のとき 165。×××。150 のときが…85。1,000 のと
きを 0。実際にグラフ化してみる。 | |
| 14：12 | 直線としてもいけそうだなぁ…。仮に比例関係だとし
て…。 | |

$19:14$	実際これは，500 弱でないといけないから，比例関係ではない。比例関係ではない。	
$19:57$	反比例にしようかな…。	
$21:13$	反比例と仮定すると。	
$23:18$	反比例にこだわり過ぎたかなぁ。反比例にこだわらないと…。どうなんのかな？馬鹿じゃねぇの。Exp とか出てくんの？それだけはマジ勘弁だよ。×××厄介だし。やっぱこの式かよ。	

グラフ上にプロットした点が一直線上に並んでいるように見えるため，被験者 IH は，P と l が比例関係にあるかどうか確認していた。そして，対応表をグラフ化し，そのグラフから比例関係でないことを結論づけていた (プロトコル 19：14 参照)。また，23：18 のプロトコルのように，その他に指数関数等も想定はしてみるものの，前回と同様，反比例の場合で解答していた。

(2) 被験者 NT のモデリングの概要

被験者 NT は，当時，理科教育学の研究に取り組んでいた大学院生で，将来，研究者を目指していた。第 1 回目実験調査は 2002 年 7 月 12 日 (金) に実施し，再生刺激法によるインタビュー調査と第 2 回目実験調査は 2002 年 7 月 19 日 (金) に実施した。なお，所要時間は，第 1 回目実験調査が 23 分 28 秒，再生刺激法によるインタビュー調査が 14 分 26 秒，第 2 回目実験調査が 22 分 30 秒であった。

① 第 1 回目実験調査におけるモデリングの概要

課題 (1a) では，被験者 NT は，「ライトの明るさ」，「ライトの種類」，「ライトと机との距離」，「ライトの照らす向きと机との角度」という項目を挙げていた。このうち，「ライトと机の距離」という変数が原場面になっている。

表 4.9　被験者 NT の課題 (1a) の取組

時間	発話思考法により課題に取り組む様子	備　考
$00:00$	それでは，はじめます。	(1a) 開始
$00:22$	まずは，机で読書をするために使うのはライトなので。ライトの…。	
$00:30$	ライトについて，まず，知らなければいけない，と思	

	います。
00：46	ライトの明るさ。ライトの明るさとか…，ライトの種類とか…。
00：58	電球でどういうのを使うのかとか。どれくらい明るい電球を使うかとか，そういうこと。
01：16	そうだ，遠くちゃダメだから。ライトと机の距離も必要になってくるかな，と思います。
01：28	机との距離も必要かな。
01：44	明るい大きさ…。明るくみせるというのだから…。
01：51	そうですねぇ。

天井を見る。

図 4.11　天井を仰ぎ見る様子

01：56	あ，そうか。遮っててもいけないですね。遮っててもいけないから，それよりは…。
02：05	それ言っていたら，遮っていたらライトないのと一緒だから…。
02：17	ライトの照らす向きと…。何て言ったらいいかな…，照らす向きと机との角度。
02：27	斜めになっていてもいけないし，横から照らしても意味ないし…。やっぱり真上から照らさないと…。
02：35	あ，間違えた。角度ですね。距離ではなくて，角度。机とどれくらい傾いているか…。

　課題 (1b) では，被験者 NT は，「NT 自身の部屋」，「研究室」，「セミナー室」をワークシート上に記しており，「自分の持っている机」，「部屋の電球」，「デスクライト」といった，原場面を想起している (プロトコル 04：58 参照)。

第 2 節　数学的モデリング能力についての実験調査におけるモデリングの概要　65

表 4.10　被験者 NT の課題 (1b) の取組

時間	発話思考法により課題に取り組む様子	備　考
02：57	(1b)。(1a) を考えるにあたってどのようなことをイメージしましたか？	(1b) 開始
03：04	うーん。やっぱり最初は自分の…，自分の持っている机…，かな。	
03：10	自分の持っている机とか，研究室の机とか，やっぱり考えますよね。	
03：19	あとは，ここの上の…，部屋の…，部屋の蛍光灯とか。	
03：34	部屋の蛍光灯とかかな。あとは何だろう。うーん。	
03：47	机もそうだし。あとは，机だけじゃなくて，部屋の電球とか。部屋にある電球とか。	
04：04	電球とかですね。何だろうなぁ。	
04：20	自分の持っている机。机…。そうですね…，蛍光灯。あとは…。	
04：36	その位かなぁ。電球，蛍光灯，机。まぁ，自分の持っている机とデスクライトとか。デスクライト。	
04：52	ま，部屋の蛍光灯とか。部屋の蛍光灯とか電球とか。	
04：58	自分の身の周りにあるものしか，自分の見たことのあるものしかイメージするものはないのかなぁ。これ位かなぁ，と思いますねぇ。	

　課題 (1c) では，被験者 NT は，「あるライトの直下に机がある。A との机との距離が 1 m 以下なら読書ができた。いま，ライト A の半分の明るさをもつライト B を用意すると，B と机との距離が何 m 以下なら本を読めるか。」という問題をつくっていた。このとき，課題 (1a) の項目を照合しており，「ライトA」は原場面となっている。

表 4.11　被験者 NT の課題 (1c) の取組

時間	発話思考法により課題に取り組む様子	備　考
05：10	(1a) の全部もしくは幾つかを使って問題をつくってください。問題ですか…。	(1c) 開始
05：40	「机で読書をするために必要な明るさはどれくらいですか」という問題はあるわけで…。	
06：02	これは…。これは問題があるだけに，問題をつくるだけに問題をつくるのが難しい気がしてるんですが…。	
06：28	ライトの数とか，ライトの種類とか，ライトと机との	

	距離とか。ライトが照らす机の角度とか。そんな感じですよね。
06：48	そうか，読書をするために必要なことの明るさ…。いろんな例がありますよね。
06：56	だから，暗くしていくと読めなくなるとか，明るくしていくと読めるようになるとか。
07：05	そうか，ライトを傾けていって読めなくなるとか。うーんと。
07：30	ルクスとか使ってつくるんですかねぇ。例えば…。
07：39	ライトと机との距離を考えると…。
08：30	1つは，ライトの明るさを変える。やっぱり，明るさと距離間が大事だと思うんで。例えば…。うーん。
08：49	あるライトがあって，まぁ，電球…，電球があって，その下に机があると本が読める。
09：00	暗くして…読めない。どれくらい近づいたら読めるかとか。
09：07	あとは，明るくしたら，どれくらい遠くまで読めるかとか。そういう問題がいいんですかねぇ。
09：15	なかなか，しっくりこないんですが。
09：25	そうすると，あるライトがあって。あるライトAの直下に電球，机がある。Aと机との距離が…。
10：08	1m…。そうですね。ある…だから，距離が1mだと本が読める。それより離れていると本が読めるかもしれないので…。
10：20	1m以下なら本が読める。読書ができる。
10：36	いま，ライトAの半分の明るさをもつライトBを用意すると…。
11：02	Bと机との距離が何m以下なら…。からじゃなくて，何m以下なら本を読めるか。
11：30	ライトAの直下に机があって，Aと机との距離が縮めれば，より近ければいいんだから。Bと机との距離が何m以下ならば本を読めるでしょうか。」という問題にしました。

　課題(1d)では，被験者NTは，まず，光の拡散について話題にしていた。このうち，「ライトから飛び出すもの」や「(机から)遠いとダメ」といった原場面や，「暗くしていくと読めなくなる」，「明るくしていくと読めるようになる」，「ライトを傾けていって読めなくなる」といったライトの明暗に関する原場面を

想起するものの，いずれも解決には用いられなかった．

表 4.12 被験者 NT の課題 (1d) の取組

時間	発話思考法により課題に取り組む様子	備　考
11：54	(1d)．(1c) でつくった問題を実際に解いてみてください．	(1d) 開始
12：05	そうですねぇ．これは基本的に照度とか使うと思うんですけど．	
12：22	ライト A．だから，明るさを半分にすると，結局その…，ライトの明るさというのは周りの面積比に対して効くので…．2 乗に反比例するはずなので．面積に応じて効くもの．他のものもそうですけど．	
12：51	ライトから飛び出すもの．ライトから光が飛び出す…，あらゆる方向へ飛び出すわけだから．明るさ半分になっちゃうと，出るものも半分になって…．それが面積に対して効いてくるから…．半分になるのかな…，$\frac{1}{4}$ になるのかな…．	
13：44	でも，$\frac{1}{4}$ のような気もするし，$\frac{1}{2}$ のような気もします．	
14：10	ライト A の明るさを何とか…．ライト A の明るさを I_A とおきます．	
14：25	1 m 離れた所…，1 m 離れた所では…．まぁ，明るさが分配されるわけですね．	
14：45	まぁ，ライト A があって，その周りに光が分散される．	
14：56	その表面積は $4\pi r^2$．あ，違った．失礼…．横だから，机を下に書かないといけない．	
15：12	机が下にあって…．ま，A から机までが $4\pi r^2$ ですね．	
15：21	明るさはたぶん単位面積あたりですね．きっと，同じ距離にあれば均等にひかりますから．単位面積あたりじゃないかなぁ． 	

図 4.12　左手で均等にひかる様子を表現

15：39	① というものになるんじゃないかな。
15：54	それに対して…，ライト B の明るさを I_B とおきます。
16：10	あ，そうか。I_A とおいたところで，単位面積あたりの明るさを考えればよいので。単位面積あたりの明るさを考えたいところですが…，よいはずだから。
16：36	I_B…ライト B の話でいくと，I_B というのは明るさ半分なんですから，$\dfrac{I_A}{2}$ とおける。半分ですからね。
16：47	だから，ライト B と，ライト B から机までの距離を何かでおいてやって，それが $\dfrac{I_A}{4\pi}$。先程のライト A を 1 m 離れた所の明るさと比べてあげればいいと思います。
17：09	ライト B から机までの距離を r とおく。距離 r についての…，r…，距離 r 離れたところでの単位面積あたりの明るさですね。ところでの単位面積あたりの明るさは…。
17：53	I_B を表面積ですね…r 離れたところ…$4\pi r^2$ で割ってあげればいいので…。$\dfrac{I_A}{8\pi r^2}$。
18：15	これが，これが $\dfrac{I_A}{4\pi}$。つまり，さっきのライト A で 1 m 離れたところでの明るさと一致すれば，その明るさが本が読めるか読めないかのギリギリのところ。
18：33	これが $\dfrac{I_A}{4\pi}$ と等しくなるとき，本が読めるか否かの境目…，境界だから…，境界なので。
18：58	$\dfrac{I_A}{4\pi} = \dfrac{I_A}{8\pi r^2}$。
19：05	どうですかね。$\dfrac{1}{r^2}$ は，これで約分して，2…2 ですね。
19：23	r は $\dfrac{1}{\sqrt{2}}$…になるんですねぇ。
19：31	明るさ半分と考えると…。
19：36	果たして明るさ計算自体がそれでいいのかは疑問ですが…。どう考えるんですかねぇ。今イチ×××。
19：55	よく考えると，そういうわけでもないですかねぇ…。そういうわけでもないか…。どうですかねぇ…。
20：10	明るさが半分になると…。同じところに届く光の数は半分になる。

20：24	同じ数だというのは $\frac{1}{2}$ になる…。そうかもしれませんね，確かに。今イチ自信がないんですけど…。
20：42	あ，距離が倍になると…，距離が倍になると，$\frac{1}{4}$ になっちゃうんですね。あ，そうか。距離が倍になると明るさが $\frac{1}{4}$ になっちゃうんですね。
20：52	元の倍とか…，元の倍とか，あるいは半分とかだったら，距離が $\sqrt{}$ でいいんですね。これでいいかなぁと。
21：09	ちょっと1回，こういう話を物理で聞いたことがあると思うんですけど…。つい最近，やったこともあるような気もするんだけど…覚えてないですね。1回計算したこともあるんですけども…。
21：38	そのときは…，手術台…手術台があって，ライトがあるんですね。

図 **4.13**　手術台のライトの位置を示す様子

ライトから手術台までの距離が 1 m のときに 1,000 ルクスだとします。

図 **4.14**　手術台の位置を示す様子

	それが 2 m 下。つまり，手術台のライトがあって手術台があって，そしてその更に 1m 下までいった場合，ちょうど床ですね。床の照度はだいぶ減ってしまう，という話を聞いたことがあります。	
	 図 4.15　床の位置を示す様子	
22：07	それで…それが確か，手術台が 1,000 ルクスだと，距離が倍離れてしまうと 200 ルクスまで減ってしまう。$\frac{1}{4}$ に減ってしまう，という話が出てました。だから距離が半分であれば明るさ 4 倍になっちゃうんですね。	
22：20	あ，ちょっと，自分の勘違いかもしれませんけど…。実際，計算してみると，$\frac{1}{4}$ くらいですから…。よく考えてみたらそうですね。0.7…。だいたい 1.414 分の 1 ですから，0.7 倍くらいですね。0.7 倍くらいだと…。距離半分にすると 4 倍になるんだから，ま，0.7 倍くらい…。そうですね…，おそらく…。明るさのおき方がちょっと自信がないんですが…。たぶん，このおき方でそれなりに…。本当は角度とかも付けられるといいと思うんですけど…。	
23：24	はい，これで終わりです。	(23：28 終了)

　一方で，被験者 NT は，物理学で学んだ知識を活かしながら，ライトの明るさの関係 (図 4.16 内 ① 参照) を導いていた (プロトコル 12：22, 12：51, 15：21 参照)。

　ライト A の明るさの半分というライト B の条件から，$I_B = \frac{1}{2}I_A$ という関係を導き，1 m 離れたライト A の場合に対して $r = \frac{1}{\sqrt{2}}$ という最終的結果を得た。この最終的結果を得た後，「手術台」，「ライト (無影灯)」という原場面

第 2 節　数学的モデリング能力についての実験調査におけるモデリングの概要　71

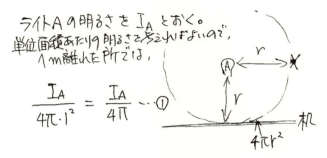

図 4.16　被験者 NT がワークシート上にかいた図

を想起し，「ライトから手術台の距離」という原場面にもとづき，明るさは距離の 2 乗に反比例する関係であることを確かめていた (プロトコル 20：42，21：09，21：38，22：07 参照)．
② 第 2 回目実験調査におけるモデリングの概要

再生刺激法によるインタビュー調査 (付録 C.2 参照) 後，遮光性カーテンを開閉したり，部屋の電気を灯けたり消したり，机の位置等を移動しながら，複数のルクス計や巻尺を用いて，様々な位置での明るさを測定した (図 4.17)．

図 4.17　複数のルクス計と巻尺を用いて測定する様子

課題 (2a) では，ルクス計による測定から，調査を実施した部屋を原場面として想起していた．また，一部の電気を消して明るさを測定したことから，OHP

72　第 4 章　数学的モデリング能力についての実験調査

による発表を聴講している場面 (プロトコル 03：01 参照) も原場面となる。

表 4.13　被験者 NT の課題 (2a) の取組

時間	発話思考法により課題に取り組む様子	備　考
00：00	それでは，始めます。「前頁のデータを参照して問題をつくります。問題をつくるにあたって，どのようなことをイメージしますか？」	(2a) 開始
00：14	えーと，そうですね。まずは問題をつくるにあたっては，まぁ，この今の場合は数学セミナー室を使って測りました。で，今…測ったところによれば，場所によって，そして，まぁ，蛍光灯のついている量が，それによってだいぶ変化が起きるんだなぁということが，まぁ。えー，もちろん変化があるだろうなぁ，と思っていましたけれども，実際やってみるとですね，数値として現れるのが分かりました。	
00：54	で，JIS の照度基準で比べますと，それぞれ色んな場合において，居間とか勉強室，応接室，食堂・台所それぞれで，まぁ，基準となる照度というのがちょっとずつ違うというのがあります。ですから，やっぱり場所というファクターは非常に大事なのかなぁと思います。	
01：25	で，あとは，明かりの…今やったときにですね。特に $\frac{1}{3}$ だけ光を落としたときに，光の位置というのも非常に大事かなぁと。	
01：42	あとは，光の明るさを出す…明るさとかそういったものを…，えー。それがどれくらいかというのを示すのが照度基準ですので。まぁ，明るさをどれくらいにすればいいのかなぁというのも。	
02：13	ですから，まぁ，この場合だとやっぱりどうしても，場所…そして光のある場所。光のある場所…位置関係。	
02：44	まぁ，やっぱり机で読書をするというファクターはありますし…。えー。そうですね。	
03：01	どうしても，明るさ足りないなとか，眩しいなと思う瞬間をどうしても思い浮かべますね。例えば，暗くて見えない。あのー，先程もちょっと調査のときも，部屋の $\frac{1}{3}$ にして OHP を見せるときにですね。そのときに結構，あのー，部屋が暗くなっているときに，非常に見にくいですね。暗いという状況。	

第2節　数学的モデリング能力についての実験調査におけるモデリングの概要　73

03：40	ま，そんなことをイメージしました。で，実際にまぁ，授業を受けているとき。そういうこともイメージしますね。	
03：59	机で勉強しているときも勿論ですね。机で勉強しているとき。ま，こういったところですかね。	

課題 (2b) では，被験者 NT は，測定値以外に，「2 組の蛍光灯の間隔 2.3 m」を指摘していた。このデータは，部屋の天井を見回しながら，改めて巻尺により測定したものである。

表 4.14　被験者 NT の課題 (2b) の取組

時間	発話思考法により課題に取り組む様子	備　考
04：12	で，(2b)「問題をつくるにあたり，前頁のデータ以外に必要なことは何ですか？」えーと，とりあえずはですね。とりあえずは，場所と状況というのをちょっと気にしたので，取りあえずは大丈夫かなと思いますが。 図 4.18　ワークシート上にかいた測定データと図	(2b) 開始
05：13	高さ…。あとは，場所，位置関係…。ここでは挙げています。あとは基準というのも出ていますね。とりあえずは…，無いかなぁ…。	
06：28	基本的にはまぁ，高さとか…高さとか距離とかですね…，蛍光灯の本数が分かっていれば，どうにかなるのではないかと思いますので…。とりあえずは，必要なことは特に無いかなぁと思います。	

課題 (2c) では，被験者 NT は，「高さ 3.1 m のセミナー室で OHP を見せる。部屋の後方では A，B 点に 2 本ずつ蛍光灯がついている。いま，蛍光灯から 4.8 m の位置 (図 4.7 参照) で高さ 70 cm の机で資料を見ようとしたところ，暗くて読みにくかった。このときの照度は 40 Lx だった。蛍光灯を A，B 点に何本

74　第 4 章　数学的モデリング能力についての実験調査

ずつにすれば，資料が読めるか。」という問題をつくった。

表 4.15　被験者 NT の課題 (2c) の取組

時間	発話思考法により課題に取り組む様子	備　考
06：59	で「前頁のデータ及び (2b) の必要なことの全部もしくは幾つかを使って問題をつくって下さい。」えーと…。そうですね。	(2c) 開始
07：24	まぁ，やはりせっかく思いついたので，OHP を…。このセミナー室で…OHP を見せる。えーと。	
07：48	部屋の後方 $\frac{1}{3}$ …あ，失礼，後方ではライトがついており…。	
08：23	えー，「ついている」ですね。あ，そうですね，ライトがついているので，ライトの距離を書かないといけないですが，ライトが 4 つあるので，それぞれ×××。2 つ一体になっていると考えるのはまずはいいと思うのですが…。でも，両側は離れ過ぎているので，ちょっと測ってみます．2 m 30 (cm) ぐらいですよね。	ライト間の距離を計測する。
09：00	ですから，2 つの…2 組ですね。えー，2 組の蛍光灯の間隔。2.3 m というのを加えておきます。	(2b) に追加する。
09：25	部屋の後方でライトがついている。今…，あ，そうですね。この…，あ，そうか。いいですね。ライトから 4.8 m…ちょっと図をつけます。図を参照して下さいという形で。 図 4.19　ワークシート上にかいた図	
09：55	高さ 70 cm の机で…読書をしようと…，OHP を見せてるのだから，読書ではなくて資料を見ようと…。すると，暗くて読みにくかった。	
10：47	セミナー室で OHP を見せる。部屋の後方では，えー，まぁ，図をつけるので，A，B 点に 2 本ずつの蛍光灯	

	があるとします。今，蛍光灯から，4.8 m の位置で高さ 70 cm の机で資料を見ようとしたところ，暗くて読みにくかった。えー，蛍光灯を A，B 点に何本ずつにすれば，資料が読めるか。
12：01	セミナー室の高さ…3.1 m でした。高さ 3.1 m のセミナー室ですね。
12：15	図をつけます。えーと，まぁ単純化して考えて…。A 点と B 点があります。で，ここから，4.8 m 後ろに，机ですね。机があります。で，これでいいと思いますね。

課題 (2d) では，発表会での経験が原場面であり，また，ルクス計による測定において照度が極端に低い場面 (プロトコル 13：43) も原場面となっている。

表 4.16 被験者 NT の課題 (2d) の取組

時間	発話思考法により課題に取り組む様子	備　考
12：52	で，「どのようなことをイメージしたか？」というので，えー。ま，自分の発表会とかでですね，OHP のある側で資料がうまく読めないという状況がありました。	(2d) 開始
13：22	資料が…OHP がある側では資料が読みにくい。周りが暗いからですけれども。まぁ，こういった，1 つは自分の経験ですね。	
13：43	まぁ，先程の測定でですね。えー，まぁ，(2c) で…(2c) でつくった状況の…2 つライトがついてて，2 組の蛍光灯がついてて，そこから 4.8 m 離れたところ…そこでの照度が劇的に低かったと。40 ルクスしかない。他のところはだいたい 300〜400 ぐらい出たんですけれども。さすがに上が暗くて明かりが少ないと，かなり照度が減るのだなぁということが，ちょっとそこにもまぁ触発されるものが…触発されるものがあったと思います。こういったところですかね。で，実際に解いてみるというのが次ですね。	
14：41	あ，そうですね。高さ 70 cm の机で資料を見ようとしたところ，暗くて読みにくかった。このときの照度は 40 ルクスだった。蛍光灯を…そうですね。	

課題 (2e) では，被験者 NT は，A，B の各点に設置されている 2 本の蛍光灯

76　第 4 章　数学的モデリング能力についての実験調査

からの照度は等しいとして，条件 40 ルクスから蛍光灯 1 本当たり 10 ルクスと
計算していた。次に，手元の照度が 500 ルクスになるためには A，B の各点で
25 本ずつ必要であるという結果を導いていた。

表 4.17　被験者 NT の課題 (2e) の取組

時間	発話思考法により課題に取り組む様子	備　考
15：21	えーと，そうですね。ここは勉強室なので，照度基準がありますから。	(2e) 開始
15：44	照度基準から，えー，読書をするのに必要な明るさは…読書に必要な明るさは 500 ルクス。	
16：06	で，実際に問題…。そのときの，実際のまぁ…。そうすると，実際の先程の状況を思い浮かべると，A 点 B 点が 2.3 m で…4.8 m で…あります。	
16：34	A，B の蛍光灯は同じものが 2 本ずつであって，えーと，まぁ，測定点を O とする。	
17：03	O とすれば，まぁ，OA ＝ OB より，A から…あ，失礼。A による照度と B による照度は等しいと考えます。	
17：32	距離一緒だと，まぁ，明るさ一緒かなというのがありまして。そうすると，A と…A による照度と B による照度が等しいので，ですから，まぁ，A による照度…照度は 20 ルクス。えー，B による照度は 20 ルクス。計 40 ルクスであることが，まぁ，予想できます。	
18：04	で，まぁ，蛍光灯 2 本で 20 ルクス…の照度を生み出していますから，1 本あたり 10 ルクスの照度を生んでいると考えられる。生んでいる。	
18：37	よって，まぁ，えー，O 点で…実際必要な明るさは 500 ルクスなので，500 ルクスを確保するためには，A，B による照度が，それぞれ半分，そうですね。250 ルクス…250 ルクスであればよいので，蛍光灯は…蛍光灯の数は 250 を 10 ルクスで割って，25 本ということになります。	
19：34	25 本ずつですね。それが正解になる。つまり，えー，4.8 m 離れたところでの×××それだけのことがいると思います。	
20：04	実際，ここで測ったデータ 400 ルクス〜500 ルクスまであったんですけれども，基本的には全部資料が読めました。だから，えー，まぁ，最低限でいくと…このデータからいくと 200 ルクス。	

20:26	部屋の隅では200ルクスあったんですけれども，それでも資料読めましたので，最低限200ルクス位あれば読書ができるのかなぁ，という気もします。
20:35	40ルクスでも読めないこともないのですが，さすがに辛かったので。えー，私が受けたイメージからいけば，200ルクス…もしくは，もうちょっと低くても本が読める…この資料が読めたなぁ，というふうに思います。
20:51	ですから実際，えー，OHPを提示している状態で，資料を見るときには．25本というのはあまりに…今2本しかない状態で，25本というのはあまりに非現実的ですけれども。

図 4.20 セミナー室の蛍光灯の本数を
確認する様子

21:05	200ルクスだったら10本で済むんですよね。だから，まぁ，あと7〜8本増やせば，まぁ，十分に資料を読めるのかなぁ，という気がします。
21:17	ただそうすると，OHPが見えなくなるかもしれないんですね。それはちょっと，実際考えると，現実的ではないかもしれませんけれども。
21:39	実際…。逆に，暗いよりもいいんじゃないかなぁ，という気もいたしました。
21:48	ですから，えー，例えば，この資料で…直下で500ルクスということは…，同じ蛍光灯でも，離れたところだと…10ルクス位になっちゃいますけれども，近いところだと，まぁ，1本あたりの最低…どう少なく見積もっても，400ルクスで蛍光灯12本しかない。30ルクス〜40ルクス位あるわけで，距離とか角度とかいうのも大きい要因にもなるのかなぁ，というのは改めて思いました。

図 4.21 蛍光灯の間隔や測定した明るさ等を確認し解決を振り返る様子

第3節 第4章のまとめ

　第4章では，数学的モデリング能力についての実験調査の設計と概要を示した。筆者は，これまで，高校生のペアを被験者とする実験調査 (松嵜, 2003, 2004; Matsuzaki, 2004, 2007) の他，小学生を対象とした実験授業 (川上・松嵜, 2012; Matsuzaki & Kawakami, 2010) と中学生を対象とした実験授業 (金児・松嵜, 2012; Matsuzaki, & Kaneko, 2015) を実施してきた。本論文では，大学院生を被験者とする実験調査を取り上げた。

　第1節では，数学的モデリング能力についての実験調査の設計について説明した。実験調査の目的は，数学的モデリングにおける原場面を特定することである。実験調査は2回に分けて実施する。各調査において，被験者は，発話思考法により，問題解決をおこなう。また，第2回目実験調査では，発話プロトコルやワークシート等の資料をもとに，再生刺激法によるインタビューも実施する。その後，ルクス計を用いて，実験調査を実施した部屋 (セミナー室) の明るさ等を測定し，被験者は課題に取り組む。これまで，個々の数学的モデリングの追跡と数学的モデリング能力の特定に向けた実験調査は，大学院生と社会人を対象として実施してきた (松嵜, 2002; Matsuzaki, 2011, 2014)。本論文では，特に，数学に関係する原場面の現出と中等教育段階までに学習した算数・数学を利用した問題解決を期待し，大学院生を被験者とする実験調査を取り上げた。

第2節では，大学院生2名を被験者とする，数学的モデリング能力についての実験調査における彼らのモデリングの経過について概要を示した。被験者は，茨城県内国立大学の修士課程在学中の大学院生 (IH) と同大学博士課程在学中の大学院生 (NT) である。当時，2人の学生はともに教科教育学に関心を持ち，被験者 IH は数学教育学に関心を持ち数学を専攻し研究に取り組み，また，被験者 NT は理科教育学研究に励んでいた。実験調査のデータは，ワークシート (付録 A.1 及び A.2) への解答記述 (テキスト)，発話プロトコル (付録 B.1 及び B.3，付録 C.1 及び C.3)，そして，第2回目実験調査前に実施した，再生刺激法によるインタビュー調査結果 (付録 B.2，付録 C.2) であり，これらのデータは付録としてまとめた。

引用・参考文献

Bloom, B. (1953). Thought-processes in lectures and discussions. *The Journal of General Education*, **7**(3), pp.160–169.

伊藤葉子 (1998)「生徒の内面の把握による授業研究 (家族の学習)─観察と再生刺激法による検討─」,『千葉大学教育学部研究紀要 (I：教育科学編)』, 第 46 巻, pp.141–154.

海保博之編著・原田悦子編 (1993)『プロトコル分析入門─発話データから何を読むか─』, 新曜社.

金児正史・松嵜昭雄 (2012)「数学的モデリング指導を通じたモデルの共有化─現実世界の課題場面からの問題設定に焦点をあてて─」,『日本科学教育学会第 36 回年会論文集』, pp.109–112.

川上貴・松嵜昭雄 (2012)「小学校における数学的モデリングの指導の新たなアプローチ─現実世界の課題場面からの問題設定に焦点をあてて─」,『日本数学教育学会誌』, **94**(6), pp.2–12.

封静宜 (2013)「『批判』という目標が読解過程に与える影響」,『リテラシーズ』, 第 12 巻, pp.12–21.

松嵜昭雄 (2002)「数学的モデリングにおける原場面の作用に関する一考察─数学教育学・理科教育学に関心をもつ大学院生を調査対象として─」,『第 35 回数学教育論文発表会論文集』, pp.133–138.

松嵜昭雄 (2003)「数学的モデリング能力の検証─原場面に注目したモデル化能力の記述─」,『第 36 回数学教育論文発表会論文集』, pp.109–114.

Matsuzaki, A. (2004). 'Rub' and 'Stray' of mathematical modelling. In H. Hans-Wolfgang, & W. Blum (Eds.), *ICMI Study 14 Applications and Modelling in Mathematics Education: Pre-Conference Volume*, pp.181–186, Department of Mathematics, IEEM, University of Dortmund.

松嵜昭雄 (2004)「数学的モデリング能力の検証 (2)─原場面に注目した数学化能力と数学的作業能力─」,『第 37 回数学教育論文発表会論文集』, pp.193–198.

Matsuzaki, A. (2007). How might we share models through cooperative mathematical modelling? Focus on situations based on individual experiences. In W. Blum, P. Galbraith, H. Hans-Wolfgang, & M. Niss (Eds.), *Modelling and Applications in Mathematics Education: The 14th ICMI Study*, pp.357–364, Springer.

松嵜昭雄 (2008)「数学的モデリング能力の特定方法に関する研究─原場面への注目

と課題分析マップの援用―」『筑波教育学研究』，第 6 号，pp.119–133.

松嵜昭雄 (2011)「数学科の教材からみた理科との関連―光の明るさを題材とした教材の取扱いを事例として―」，『2011 年度数学教育学会秋季例会発表論文集』，pp.162–164.

Matsuzaki, A. (2011). Using response analysis mapping to display modellers' mathematical modelling progress. In G. Kaiser, W. Blum, R. Borromeo Ferri, & G. Stillman (Eds.), *Trends in Teaching and Learning of Mathematical Modelling: ICTMA 14*, pp.499–508, Springer.

Matsuzaki, A. (2014). Confirming and supplementing of modelling competencies: Using applied response analysis mapping and focus on *Gen-Bamen*. *International Journal of Research on Mathematics and Science Education*, **2**, pp.17–32.

松嵜昭雄 (2015)「数学的モデリングの記述的枠組みにおける原場面の機能―中後期フッサール現象学の方法の適用―」，『日本数学教育学会誌』，**97**(3)，pp.14–23.

Matsuzaki, A., & Kaneko, M. (2015). Evidence of reformulation of situation models: Modelling tests before and after a modelling class for lower secondary school students. In G. Stillman, W. Blum, & M. Salett Biembengut (Eds.), *Mathematical Modelling in Education Research and Practice: Cultural, Social and Cognitive Influences*, pp.487–498, Springer.

Matsuzaki, A., & Kawakami, T. (2010). Situation models reformulation in mathematical modelling: The case of modelling tasks based on real situations for elementary school pupils. *Proceedings of the 5th East Asia Regional Conference on Mathematics Education*, **2**, pp.164–171.

岡本真彦 (1992)「算数文章題の解決におけるメタ認知の検討」，『教育心理学研究』，**40**(1)，pp.81–88.

笹金龍也 (2012)「数学的な問題解決の『ひらめく』状態に推移する過程におけるメタ認知の働きを捉えるための素地的研究」，『上越数学教育研究』，第 27 号，pp.133–142.

渡辺和志・吉崎静夫 (1991)「授業における児童の認知・情意過程の自己報告に関する研究」，『日本教育工学雑誌』，**15**(2)，pp.73–83.

第5章

原場面に着目した
数学的モデリング能力の特定

　本章では，原場面に着目した数学的モデリング能力の新しい枠組み (第3章参照) を用いて，数学的モデリング能力を特定する。

　第1節では，大学院生2名を被験者とする実験調査で得られたデータ (第4章参照) をもとに，応用反応分析マップを作成する。そして，数学的モデリング能力の規範的枠組みである「数学的モデリングの各過程の進行に必要な変数の取り扱い」(表2.1) にしたがい，数学的モデリングの過程進行を追跡する。

　第2節では，原場面の役割に着目した，新たな数学的モデリング能力の規範的枠組みにもとづき，能力を確認する。

　第3節では，原場面の機能に着目した，新たな数学的モデリング能力の記述的枠組みにもとづき，能力を補記する。以上より，数学的モデリング能力の規範的枠組みにもとづく能力の確認と数学的モデリング能力の記述的枠組みにもとづく能力の補記により，数学的モデリング能力を特定していく。

第1節　応用反応分析マップによる数学的モデリングの視覚化

　はじめに，数学的モデリング能力についての実験調査から得られたデータ (第4章参照) にもとづき，応用反応分析マップを作成する。なお，以降では，マップ上に示した変数と通常の意で用いる変数を区別するため，マップ上に示した変数には下付添字を付す。第2章第2節 (2) で述べたように，応用反応分析マップでは，4つの変数を区別している。したがって，数学的変数 $_{MC}$，数学以外の変数 $_{RC}$，数学に関係する原場面 $_{GMC}$，現実世界に関係する原場面 $_{GRC}$ と表記する。

84 第 5 章 原場面に着目した数学的モデリング能力の特定

次に，数学的モデリング能力の規範的枠組み (表 2.1) を用いて，数学的モデリングの過程進行を追跡する。このとき，数学的モデリングの各過程 ($\alpha \sim \zeta$) に対して，問題の変容 (I〜IV) を下付添字とする。例えば，「α モデル化」の過程に対する「I：変数が表示されていない場合」の問題の変数の取り扱いは「α_{I}」と表記する。なお，解決の停止は「｜」で表示する。そして，追跡した数学的モデリングの過程進行を，数学的モデリング能力の規範的枠組み上に示す。

(1) 被験者 IH の数学的モデリングの過程進行

① では，第 4 章第 2 節 (1)① の第 1 回目実験調査の結果にもとづき，ワークシート (付録 A.1) への解答記述 (テキスト)，発話プロトコル (付録 B.1) といったデータを用いて，応用反応分析マップを作成する。② では，第 4 章第 2 節 (1)② の第 2 回目実験調査の結果にもとづき，ワークシート (付録 A.2) への解答記述 (テキスト)，第 1 回目実験調査後におこなった再生刺激法によるインタビュー結果 (付録 B.2)，発話プロトコル (付録 B.3) といったデータを用いて，応用反応分析マップを作成する。

① 第1回目実験調査における被験者 IH の応用反応分析マップと数学的モデリングの過程進行

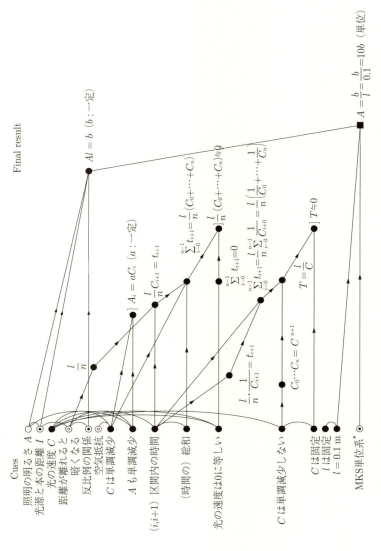

図 5.1 第1回目実験調査から得られたデータにもとづく被験者 IH の応用反応分析マップ

はじめに提示された問題 (現実場面) に対し，数学以外の変数 MC「照明の明るさ A」，数学に関係する原場面 GMC「光源と本の距離 l」，数学的変数 RC「光の速度 C」という 3 つの項目を抽出している【α_I】。

次に，数学に関係する原場面 GMC「光源と本の距離 l」と現実世界に関係する原場面 RMC「距離が離れると暗くなる」という項目が結び付いている【α_III】。

また，数学に関係する原場面 GMC「反比例の関係」という項目と結び付いている【β_III】。

そして，はじめに抽出した 3 つの変数のうち，A と l という 2 つの変数が選択され，「反比例の関係」との帰結として，数学的変数 MC「$Al = b\,(b:一定)$」が数学的モデルとなっている【β_II】。

$$\alpha_\text{I} \longrightarrow \alpha_\text{III} \longrightarrow \beta_\text{III} \longrightarrow \beta_\text{II}$$

図 5.2 第 1 回目実験調査における被験者 IH の数学的モデリングの過程進行 (1)

現実世界に関係する原場面 GRC「距離が離れると暗くなる」は，数学的変数 MC「$\dfrac{l}{n}$」へ変化し，数学的変数 MC「$(i, i+1)$ 区間内の時間」，「(時間の) 総和」，「光の速度は 0 に等しい」という項目と結び付いている【β_I】。

そして，「光の速度は 0 に等しい」から変化した，「$\displaystyle\sum_{i=0}^{n-1} t_{i+1} = 0$」という数学的変数 MC の帰結である，「$\dfrac{l}{n}(C_0 + \cdots + C_n) \fallingdotseq 0$」という数学的変数 MC で解決が停止している。これから，数学的変数 MC「光の速度 C」は破棄される【β_IV】。

図 5.3 第 1 回目実験調査における被験者 IH の数学的モデリングの過程進行 (2)

一方で，数学的変数 MC「光の速度 C」という項目は，数学的変数 MC「C は単調減少」，「A も単調減少」という項目と結び付いている【β_{III}】。

そして，数学的変数 MC「$A_i = \alpha C_i\,(\alpha：一定)$」という数学的モデルで解決が停止している【$\beta_{\text{IV}}$】。

図 **5.4** 第 1 回目実験調査における被験者 IH の
数学的モデリングの過程進行 (3)

他方では，数学的変数 MC「C は固定」という項目と数学的変数 MC「$T = \dfrac{l}{C}$」という数学的モデルの帰結となっている【β_{IV}】。

そして，数学的変数 MC「$T \fallingdotseq 0$」で解決が停止している【γ_{IV}】。

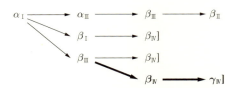

図 **5.5** 第 1 回目実験調査における被験者 IH の
数学的モデリングの過程進行 (4)

数学的変数 MC「$Al = b\,(b：一定)$」という数学的モデル，数学的変数 MC「l は固定」という項目からの結び付きである「$l = 0.1\,\text{m}$」という項目，そして，数学に関係する原場面 GMC「MKS 単位系 *」という項目の帰結として，最終的結果である「$A = \dfrac{b}{l} = \dfrac{b}{0.1} = 10b\,(単位)$」という数学的結論を導いている【$\gamma_{\text{IV}}$】。

第 1 回目実験調査における被験者 IH の数学的モデリングの過程進行は，以

下のようになっている：

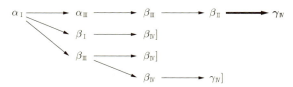

図 5.6 第 1 回目実験調査における被験者 IH の
数学的モデリングの過程進行

数学的モデリング能力の規範的枠組み上に，第 1 回目実験調査における被験者 IH の数学的モデリングの過程進行を示すと次のようになる。

表 5.1 第 1 回目実験調査における被験者 IH の数学的モデリングの過程進行

問題の分類 過程	I：変数が表示されていない問題	変数が表示されている問題		
		II：変数が特定されていない場合	III：変数が特定されている場合	IV：数学的記号表現された変数が示されている場合
α モデル化	α_{I} (図 5.2)		α_{III} (図 5.2)	
β 数学化	β_{I} (図 5.3)	β_{II} (図 5.2)	β_{III} (図 5.2) β_{III} (図 5.4)	β_{IV}] (図 5.3) β_{IV}] (図 5.4) β_{IV} (図 5.5)
γ 数学的作業				γ_{IV} (図 5.5) γ_{IV} (図 5.6)
δ_1 現実場面の解釈				
δ_2 現実モデルの解釈				
ζ 応用				

これから，【β_{I}】といった，数学的モデリング能力の規範的枠組み (表 2.1) の空欄部分に該当する過程進行を確認することができる。

② 第2回目実験調査における被験者 IH の応用反応分析マップと
数学的モデリングの過程進行

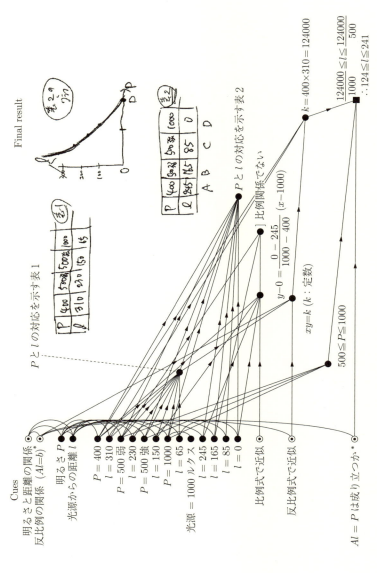

図 5.7　第 2 回目実験調査から得られたデータにもとづく被験者 IH の応用反応分析マップ

第 2 回目実験調査の開始時には，数学に関係する原場面 GMC「明るさと距離の関係」，「反比例の関係 $(Al = b)*$」が項目として現れている【β_I】。これらの項目は第 1 回目実験調査時につくった数学的モデルに起因している。

はじめに，ルクス計と巻尺を用いて測定した実データは，数学的変数 MC「明るさ P」，「光源からの距離 l」という項目からの結び付きとして，「$P = 400$」，「$l = 310$」といった項目になっている。これらの実データは，「P と l の対応を示す表 1」(図 5.7 内の表 1) という数学的変数 MC にまとめている【γ_IV】。

次に，「P と l の対応を示す表 1」という数学的変数 MC を修正し，「P と l の対応を示す表 2」(図 5.7 内の表 2) という数学的変数 MC にまとめている【γ_IV】。

$$\beta_\mathrm{I} \longrightarrow \gamma_\mathrm{IV} \longrightarrow \gamma_\mathrm{IV}$$

図 5.8　第 2 回目実験調査における被験者 IH の
数学的モデリングの過程進行 (1)

それから，数学に関係する原場面 GMC「比例式で近似」という項目が現れている【β_I】。

修正した数値の中から $(P, l) = (1000, 0)$，$(400, 245)$ を選択して【β_III】，数学的変数 MC「$y - 0 = \dfrac{0 - 245}{1000 - 400}(x - 1000)$」のように立式している。

それとともに，「P と l の対応を示す表 2」という数学的変数 MC をグラフに表し，P と l は「比例関係でない」という数学的変数 MC により解決が停止している【γ_IV】。

図 5.9　第 2 回目実験調査における被験者 IH の
数学的モデリングの過程進行 (2)

結果として，解決はじめの数学に関係する原場面 GMC「反比例の関係 $(Al = b)*$」という項目の結び付きから，P と l の関係をあらためて反比例の関係として捉え直している【β_IV】。

数学に関係する原場面 GMC「反比例式で近似」という項目にもとづき，数学

的変数 MC 「$xy = k\,(k:定数)$」が数学的モデルとなっている【γ_{III}】。

このとき，数学に関係する原場面 GMC 「$Al = P$ は成り立つか*」という項目とともに，P の実データの範囲が「$500 \leqq P \leqq 1000$」であることから，最終的結果として「$124 \leqq l \leqq 241$」という数学的結論を導いている【γ_{IV}】。

第 2 回目実験調査における被験者 IH の数学的モデリングの過程進行は，以下のようになっている：

図 5.10 第 2 回目実験調査における被験者 IH の数学的モデリングの過程進行

数学的モデリング能力の規範的枠組み上に，第 2 回目実験調査における被験者 IH の数学的モデリングの過程進行を示すと次のようになる。

表 5.2 第 2 回目実験調査における被験者 IH の数学的モデリングの過程進行

問題の分類 / 過程	I：変数が表示されていない問題	変数が表示されている問題		
		II：変数が特定されていない場合	III：変数が特定されている場合	IV：数学的記号表現された変数が示されている場合
α モデル化				
β 数学化	β_{I} (図 5.8) β_{I} (図 5.9)		β_{III} (図 5.9)	β_{IV} (図 5.10)
γ 数学的作業			γ_{III} (図 5.10)	γ_{IV} (図 5.8) γ_{IV} (図 5.8) γ_{IV}] (図 5.9) γ_{IV} (図 5.10)
δ_1 現実場面の解釈				
δ_2 現実モデルの解釈				
ζ 応用				

これから，【β_{I}】や【γ_{III}】といった，数学的モデリング能力の規範的枠組み (表 2.1) の空欄部分に該当する過程進行を確認することができる。

(2) 被験者 NT の数学的モデリングの過程進行

① では，第 4 章第 2 節 (2)① の第 1 回目実験調査の結果にもとづき，ワークシートへ (付録 A.1) の解答記述 (テキスト)，発話プロトコル (付録 C.1) といったデータを用いて，応用反応分析マップを作成する。② では，第 4 章第 2 節 (2)② の第 2 回目実験調査の結果にもとづき，ワークシート (付録 A.2) への解答記述 (テキスト)，第 1 回目実験調査後におこなった再生刺激法によるインタビュー結果 (付録 C.2)，発話プロトコル (付録 C.3) といったデータを用いて，応用反応分析マップを作成する。

第 1 節 応用反応分析マップによる数学的モデリングの視覚化 93

① 第 1 回目実験調査における被験者 NT の応用反応分析マップと
数学的モデリングの過程進行

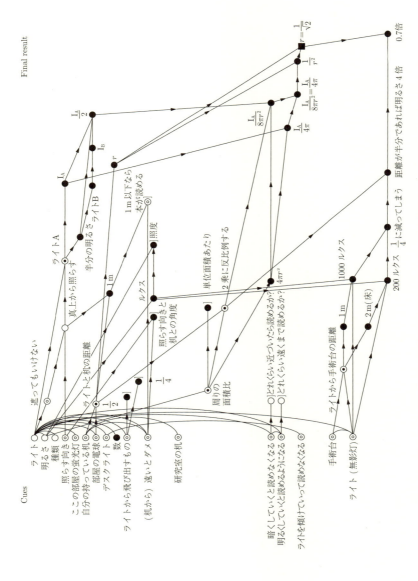

図 5.11 第 1 回目実験調査から得られたデータにもとづく被験者 NT の応用反応分析マップ

94　第 5 章　原場面に着目した数学的モデリング能力の特定

　はじめに，数学以外の変数 $_{RC}$「ライト」という項目は，現実世界に関係する原場面 $_{GRC}$「遮ってもいけない」を経由して，「真上から照らす」という数学以外の変数 $_{RC}$ に変化している【α_{I}】。
　そして，数学に関係する原場面 $_{GMC}$「ライト A」という変数を設定している【β_{III}】。
　また，ライト A の「半分の明るさ」という数学的変数 $_{MC}$ を経由して，「ライト B」という数学的変数 $_{MC}$ を設定している【β_{I}】。

$$\alpha_{I} \longrightarrow \beta_{III} \longrightarrow \beta_{I}$$

図 5.12　第 1 回目実験調査における被験者 NT の
数学的モデリングの過程進行 (1)

　解決はじめの「ライト」という項目と結び付いている，数学的変数 $_{MC}$「数」という項目を抽出してはいるものの解決には用いられていない【β_{I}】。
　また，現実世界に関係する原場面 $_{GRC}$「暗くしていくと読めなくなる」，「明るくしていくと読めるようになる」という項目も抽出してはいるものの，「どれくらい近づいたら読めるか？」，「どれくらい遠くまで読めるか？」という数学以外の変数 $_{RC}$ により破棄され，被験者 NT がつくった問題の解決には用いていない。そして，現実世界に関係する原場面 $_{GRC}$ である「デスクライト」と「ライトを傾けていって読めなくなる」の結びつきも同様である【α_{II}】。

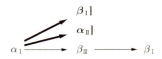

図 5.13　第 1 回目実験調査における被験者 NT の
数学的モデリングの過程進行 (2)

　一方で，数学に関係する原場面 $_{GMC}$「自分の持っている机」，「部屋の電球」という項目を抽出している【α_{I}】。

数学に関係する原場面 GMC「ライトと机の距離」が数学的モデルとなっている【β_{III}】。

そして,「1 m」という数学的変数 MC へ変化し,現実世界に関係する原場面 GRC「(机から) 遠いとダメ」という項目との帰結として,「1 m 以下なら本が読める」という数学に関係する原場面 GMC で解決が停止している【γ_{III}】。

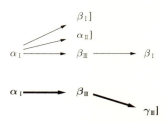

図 5.14　第 1 回目実験調査における被験者 NT の
数学的モデリングの過程進行 (3)

ここで,数学以外の変数 RC「ライト」からの結び付きとして,数学以外の変数 RC「明るさ」が項目となっている【α_{III}】。

「2 乗に反比例する」という数学に関係する原場面 GMC は,「ライトと机の距離」という数学に関係する原場面 GMC と,数学以外の変数 RC「明るさ」という項目から導出される「周りの面積比」という数学に関係する原場面 GMC との帰結となっている【β_{III}】。

そして,数学的変数 MC「$\dfrac{I_A}{8\pi r^2} = \dfrac{I_A}{4\pi}$」という関係を導き,最終的結果として「$r = \dfrac{1}{\sqrt{2}}$」という数学的結論を導いている【$\gamma_{IV}$】。

最終的結論を導出後,現実世界に関係する原場面 GRC「手術台」,「ライト (無影灯)」という項目を抽出している【α_{I}】。

そして,数学に関係する原場面 GMC「ライトから手術台の距離」という数学的モデルをつくっている【β_{III}】。

「1 m」のとき「1000 ルクス」や「2 m」のとき「200 ルクス」といった数

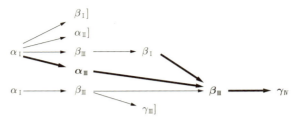

図 5.15　第 1 回目実験調査における被験者 NT の
数学的モデリングの過程進行 (4)

学的変数を用いて,「距離が半分であれば明るさ 4 倍」という数学的変数を見出している【γ_{III}】。

それから,最終的結果「$r = \dfrac{1}{\sqrt{2}}$」は「0.7 倍」という数学的変数と合致することを確認している。

第 1 回目実験調査における被験者 NT の数学的モデリングの過程進行は,以下のようになっている:

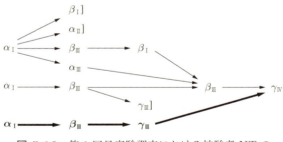

図 5.16　第 1 回目実験調査における被験者 NT の
数学的モデリングの過程進行

数学的モデリング能力の規範的枠組み上に,第 1 回目実験調査における被験者 NT の数学的モデリングの過程進行を示すと次のようになる。

これから,【β_{I}】や【γ_{III}】といった,数学的モデリング能力の規範的枠組み (表 2.1) の空欄部分に該当する過程進行を確認することができる。

表 5.3 第1回目実験調査における被験者 NT の数学的モデリングの過程進行

過程＼問題の分類	I：変数が表示されていない問題	変数が表示されている問題		
		II：変数が特定されていない場合	III：変数が特定されている場合	IV：数学的記号表現された変数が示されている場合
α モデル化	$\alpha_{\rm I}$ (図 5.12) $\alpha_{\rm I}$ (図 5.14) $\alpha_{\rm I}$ (図 5.16)	$\alpha_{\rm II}]$ (図 5.13)	$\alpha_{\rm III}$ (図 5.15)	
β 数学化	$\beta_{\rm I}$ (図 5.12) $\beta_{\rm I}]$ (図 5.13)		$\beta_{\rm III}$ (図 5.12) $\beta_{\rm III}$ (図 5.14) $\beta_{\rm III}$ (図 5.15) $\beta_{\rm III}$ (図 5.16)	
γ 数学的作業			$\gamma_{\rm III}]$ (図 5.14) $\gamma_{\rm III}$ (図 5.16)	$\gamma_{\rm IV}$ (図 5.15)
δ_1 現実場面の解釈				
δ_2 現実モデルの解釈				
ζ 応用				

② 第 2 回目実験調査における被験者 NT の応用反応分析マップと
数学的モデリングの過程進行

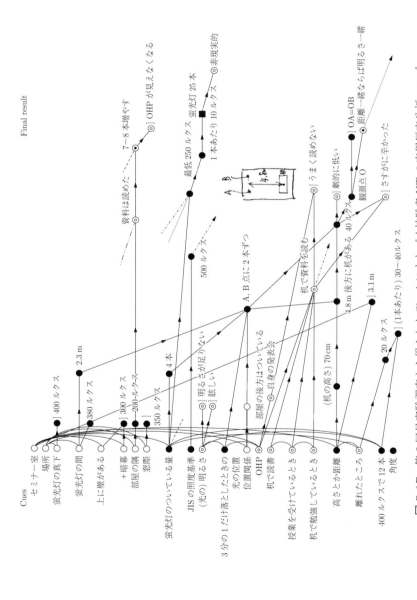

図 5.17 第 2 回目実験調査から得られたデータにもとづく被験者 NT の応用反応分析マップ
註：紙幅の都合により、解決過程の進行の一部を破線や鎖線で示している。

第 1 節　応用反応分析マップによる数学的モデリングの視覚化　99

　はじめに，巻尺とルクス計を用いて「セミナー室」内の複数の地点を測定し，数学以外の変数$_{\text{RC}}$の項目とともに，数学的変数$_{\text{MC}}$となる測定データを得ている。このうち，数学以外の変数$_{\text{RC}}$「蛍光灯の間」という項目と数学的変数$_{\text{MC}}$「2.3 m」の他，ワークシート内の資料にある数学的変数$_{\text{MC}}$「JISの照度基準」という項目，数学以外の変数$_{\text{RC}}$「位置関係」という項目を抽出している【α_{I}】。
　数学的変数$_{\text{MC}}$「蛍光灯のついている量」という項目が，数学以外の変数$_{\text{RC}}$「セミナー室」の結び付きとして現れている【β_{I}】。

図 5.18　第 2 回目実験調査における被験者 NT の
数学的モデリングの過程進行 (1)

　他には，現実世界に関係する原場面$_{\text{GRC}}$「(光の) 明るさ」が想起されている【α_{I}】。
　そして，「明るさが足りない」，「眩しい」という数学以外の変数$_{\text{RC}}$で解決が停止している【α_{II}】。

図 5.19　第 2 回目実験調査における被験者 NT の
数学的モデリングの過程進行 (2)

　一方で，新たに数学的変数$_{\text{MC}}$「3分の1だけ落としたときの光の位置」等を抽出している【β_{II}】。
　これらの帰結が，「A，B点に2本ずつ」という数学的変数$_{\text{MC}}$を導いている【β_{II}】。
　また，数学的変数$_{\text{MC}}$「高さとか距離」という項目を抽出している【β_{I}】。

そして,「4.8 m 後方に机がある」という数学的変数 MC へ変化している【β_{III}】。
それから,これらの変数が,机と蛍光灯の位置に関する数学的モデル (図 4.7 参照) をつくっている【β_{III}】。

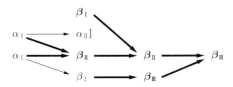

図 **5.20** 第 2 回目実験調査における被験者 NT の
数学的モデリングの過程進行 (3)

次に,現実世界に関係する原場面 GRC「机で読書」という項目を抽出している【α_{I}】。

「授業を受けているとき」,「机で勉強しているとき」という項目と結びつき,現実世界に関係する原場面 GRC「OHP」という項目の帰結として,現実世界に関係する原場面 GRC「机で資料を読む」が現れている【α_{I}】。

解決はじめの数学以外の変数 RC「セミナー室」と結びつく数学的変数 MC「高さとか距離」という項目が現れている【β_{I}】。

また,机と蛍光灯の位置に関する数学的モデルは,「高さとか距離」という数学的変数 MC から変化した帰結として,「40 ルクス」という数学的変数 MC に変化している。

そして,資料を読むのには十分な明るさではないことから,現実世界に関係する原場面 GRC「劇的に低い」,「さすがに辛かった」が想起され,そこで解決が停止している【α_{III}】。

最後に,ワークシート内の資料にある「JIS の照度基準」という数学的変数 MC に示されている読書に必要な最低限の明るさである「最低 250 ルクス」という数学的変数 MC を参照して,蛍光灯 2 組 4 本で 40 ルクスの明るさであることから,数学的変数 MC「1 本あたり 10 ルクス」を試算し,最終的結果として「蛍光灯 25 本」という数学的結論を導いている【γ_{IV}】。

第 1 節 応用反応分析マップによる数学的モデリングの視覚化　101

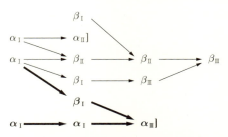

図 5.21　第 2 回目実験調査における被験者 NT の
数学的モデリングの過程進行 (4)

けれども，この数学的結論は，実際の「セミナー室」という現実場面においては「非現実的」である，といった現実世界に関係する原場面 $_{GRC}$ を想起している【$\delta_{1\,\mathrm{I}}$】。

第 2 回目実験調査における被験者 NT の数学的モデリングの過程進行は，以下のようになっている；

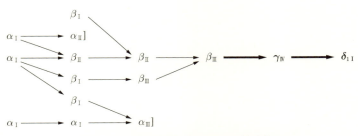

図 5.22　第 2 回目実験調査における被験者 NT の
数学的モデリングの過程進行

数学的モデリング能力の規範的枠組み上に，第 2 回目実験調査における被験者 NT の数学的モデリングの過程進行を示すと次のようになる。

表 5.4 第 2 回目実験調査における被験者 NT の数学的モデリングの過程進行

問題の分類 過程	I：変数が表示されていない問題	変数が表示されている問題		
		II：変数が特定されていない場合	III：変数が特定されている場合	IV：数学的記号表現された変数が示されている場合
α モデル化	α_I（図 5.18） α_I（図 5.19） α_I（図 5.21） α_I（図 5.21）	α_{II}]（図 5.19）	α_{III}]（図 5.21）	
β 数学化	β_I（図 5.18） β_I（図 5.20） β_I（図 5.21）	β_{II}（図 5.20） β_{II}（図 5.20）	β_{III}（図 5.20） β_{III}（図 5.20）	
γ 数学的作業				γ_{IV}（図 5.22）
δ_1 現実場面の解釈	$\delta_{1\,I}$（図 5.22）			
δ_2 現実モデルの解釈				
ζ 応用				

これから，【β_I】といった，数学的モデリング能力の規範的枠組み (表 2.1) の空欄部分に該当する過程進行を確認することができる。

第 2 節　原場面の役割に着目した規範的枠組みにもとづく能力の特定

　本章第 1 節では，原場面も変数として採用した応用反応分析マップを作成した結果，これまで見逃されていた数学的モデリングの過程進行を詳細に追跡することが可能となった。数学的モデリング能力の規範的枠組み (表 2.1) にもとづき，モデリングの過程の進行や停止，逆向きの過程進行の他，数学的モデリングの図式 (図 2.4) に示されている過程だけでは指摘し得ない過程の進行を指摘することができた。いずれの場合においても，原場面が数学的モデリングの

過程進行に関与していた。

そこで，第2章第1節 (3) 及び第3章第1節 (1) で指摘した，原場面の役割に着目し，数学的モデリング能力を確認する。原場面の役割は数学的モデリングの図式 (図 2.4) にもとづき指摘したものであり，ここで確認することができる数学的モデリング能力は，新たな規範的枠組みとなり得る。以下に，各原場面の役割と，そこから同定した数学的モデリング能力について再掲する。ここで，(GRC-) と (GMC-) は原場面についてのプレフィックスであり，前者は現実世界に関係する原場面を表し，後者は数学に関係する原場面を表している．なお，能力として記されている変数は，通常の意で用いる変数である；

(GRC1) 現実モデルもしくは数学的モデルを保証する役割

    (GRC1-a) 自身の数学的スキルに合うように，変数を変化させることができる。

    (GRC1-b) 自身の数学的スキルに合わせて，変数間の関係を構築することができる。

(GRC2) 解釈の拠り所としての役割

    (GRC2-a) 得られた結果は，どの変数に由来するものであるか確認することができる。

    (GRC2-b) 参照している変数は，条件付与なされたものであることを確認することができる。

(GRC3) 「α モデル化」の妥当性を検証する役割

    (GRC3-a) 問題を構成する変数を見出すことができる。

    (GRC3-b) 独立変数と従属変数に変数を区別することができる。

(GRC4) 問題の適用可能性を探る役割

    (GRC4-a) 自身の興味や関心にもとづいて，応用可能な問題を探ることができる。

    (GRC4-b) 現実場面や現実モデルを構成する変数のうち，どの変数によるものであるか確認することができる。

(GMC1) 数学的結論や現実場面，現実モデル，問題を保証する役割

    (GMC1-a) 自身の数学的スキルに応じて，変数を操作することがで

きる。

(GMC1-b) 自身の数学的判断で，解釈したり応用することができる。

(GMC2)「β数学化」の拠り所としての役割

(GMC2-a) 自身が妥当と考える数学的文脈に合わせて各変数を関係づけることができる。

(GMC2-b) 自身の数学的スキルで，数学的処理をおこなうことができる。

(GMC3)「γ数学的作業」の妥当性を検証する役割

(GMC3-a) 得られた数学的結論に対して，数学的モデルを構成する変数及び変数間の関係を確認することができる。

(GMC3-b) 数学的モデルに対して，自身が設定した仮説や付与した条件を確認することができる。

(GMC4) 数学的結論の適用可能性を探る役割

(GMC4-a) 得られた数学的結論は，数学として妥当なものであるかどうか確認し適用することができる。

(GMC4-b) 新たな問題解決，もしくは，新たな数学的モデル，新たな数学の理論構築に対して，得られた数学的モデルや数学的結論を適用することができる。

(1) 被験者 IH の数学的モデリング能力の特定

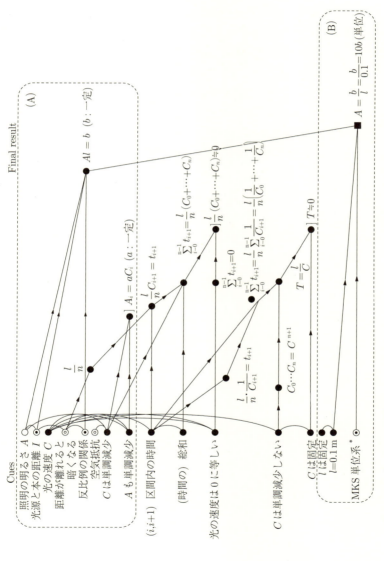

図 5.23 第1回目実験調査から得られたデータにもとづく被験者 IH の応用反応分析マップ中の原場面

106　第 5 章　原場面に着目した数学的モデリング能力の特定

　(A) をつけた枠内には，2 つの数学に関係する原場面 GMC と 2 つの現実世界
に関係する原場面 GRC が示されている。これら 4 つの原場面の役割に着目し
た，数学的モデリング能力について確認する。

　2 つの数学に関係する原場面 GMC「光源と本の距離 l」，「反比例の関係」とい
う項目の帰結として，「$Al = b\,(b：一定)$」という数学的モデルがつくられてい
る。つまり，数学に関係する原場面 GMC「光源と本の距離 l」，「反比例の関係」
は，「β 数学化」の過程進行に影響している。したがって，これらの数学に関係
する原場面 GMC は，(GMC2) の役割を担っている。ここでは，「光源と本の距
離 l」の間の関係は，被験者 IH 自身が妥当と考える「反比例の関係」であると
して，変数 A と変数 l を関係づけており，(GMC2-a) の能力を確認することが
できる。また，反比例の関係「$Al = b\,(b：一定)$」を導いており，(GMC2-b)
の能力を確認することができる。ただし，この数学的モデルは誤りであり，こ
の数学的モデルを前提として解決が進行していく点に注意したい。

　また，数学的モデルづくりに関与している，数学に関係する原場面 GMC「反
比例の関係」という項目に結び付く原場面として，現実世界に関係する原場面
GRC「距離が離れると暗くなる」が想起されている。つまり，数学に関係する
原場面 GMC「反比例の関係」という数学的モデルや「光の速度 C」に関係する
数学的モデルの導出に関与している。したがって，この現実世界に関係する原
場面 GMC「距離が離れると暗くなる」は，(GRC1) の役割を担っている。ここ
では，変数 C に関係する数学的モデルの導出にともない変化が変化しており，
(GRC1-a) の能力を確認することができる。

　他には，現実世界に関係する原場面 GMC「空気抵抗」という項目は，数学的
変数 MC「C は単調減少」という項目と結び付き，数学的変数 MC「A も単調減
少」という項目との帰結として，「$A_i = \alpha C_i\,(\alpha：一定)$」という数学的モデルが
つくられ，そこで解決が停止している。したがって，現実世界に関係する原場
面 GRC「空気抵抗」は，(GRC1) の役割を担っている。ここでは，被験者 IH
自身が取り上げた，変数 A と変数 C について，「$A_i = \alpha C_i\,(\alpha：一定)$」という
関係を構築しており，(GRC1-b) の能力を確認することができる。

　(B) をつけた枠では，数学に関係する原場面 GMC「MKS 単位系*」が示され

ている。この数学に関係する原場面 GMC の役割に着目した，数学的モデリング能力について確認する。

　数学に関係する原場面 GMC「MKS 単位系*」という項目が，数学的変数 MC「$l = 0.1\,\mathrm{m}$」という項目と結び付き，上述した「$Al = b\,(b：一定)$」という数学的モデルに対して，最終的結果における未知の明るさの単位について「$A = \dfrac{b}{l} = \dfrac{b}{0.1} = 10b\,(単位)$」という数学的結論を導いている。つまり，被験者 IH は，明るさの単位であるルクスを用いて表現することができなかったため，自らが設定して単位を数学的に表現して解釈している。したがって，この数学に関係する原場面 GMC「MKS 単位系*」は，(GMC1) の役割を担っている。ここでは，被験者 IH 自身の数学的判断により，未知の明るさの単位を解釈しており，(GMC1-b) の能力を確認することができる。

108　第5章　原場面に着目した数学的モデリング能力の特定

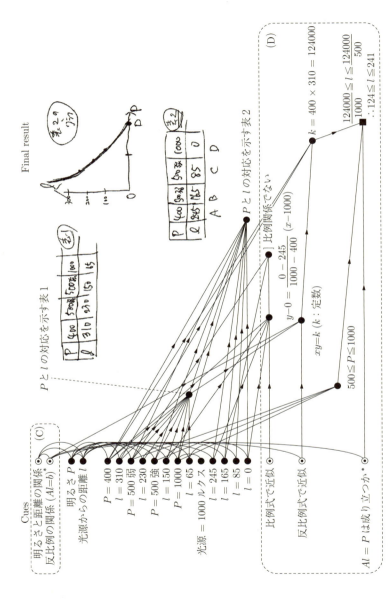

図 5.24　第2回目実験調査から得られたデータにもとづく被験者 IH の応用反応分析マップ中の原場面

（C）をつけた枠内には，2つの数学に関係する原場面 GMC が示されている。これらの原場面の役割に着目した，数学的モデリング能力について確認する。

数学に関係する原場面 GMC「明るさと距離の関係」，「反比例の関係 $(Al = b)*$」という項目から解決がはじまっている。これらの原場面は，第1回目実験調査において，被験者 IH がつくった数学的モデル「$Al = b\,(b：一定)$」にもとづくものである。つまり，第1回目実験調査でつくった数学的モデルをそのまま適用し，第2回目実験調査に取り組んでいる。したがって，これらの数学に関係する原場面 GMC は，(GMC4) の役割を担っている。ここでは，新たな問題解決に対して，第1回目実験調査の中で得られた数学的モデル「反比例の関係 $(Al = b)*$」を適用しており，(GMC4-b) の能力を確認することができる。

（D）をつけた枠内には，3つの数学に関係する原場面 GMC が示されている。これらの原場面の役割に着目した，数学的モデリング能力について確認する。

数学に関係する原場面 GMC「比例式で近似」が想起されている。そして，測定した実データを修正した数値との帰結として，比例式を求める計算式「$y - 0 = \dfrac{0 - 245}{1000 - 400}\,(x - 1000)$」を経て，「比例関係ではない」となり解決が停止している。この数学に関係する原場面 GMC「比例式で近似」は，(GMC2) の役割を担っている。ここでは，変数 P と変数 l の間の関係は比例関係であると仮定しており，(GMC2-a) の能力を確認することができる。そして，被験者 IH 自身が仮定した数学的文脈に合わせて，比例式を立てて計算を進めており，(GMC2-b) の能力を確認することができる。

また，数学に関係する原場面 GMC「反比例式で近似」という項目は，上述の数学に関係する原場面 GMC「反比例の関係 $(Al = b)*$」という項目と結びつき，「$xy = k\,(k：一定)$」という数学的モデルづくりに関与している。この数学に関係する原場面「反比例式で近似」は，(GMC2) の役割を担っている。ここでは，変数 P と変数 l の間の関係は反比例関係であるとあらためて仮定しており，(GMC2-a) の能力を確認することができる。そして，被験者 IH 自身が仮定した数学的文脈に合わせて，反比例の関係式を立てて計算を進めており，(GMC2-b) の能力を確認することができる。

そして，数学に関係する原場面 GMC「$Al = P$ は成り立つか*」は，第2回目

実験調査の開始時の数学に関係する原場面 GMC「反比例の関係 $(Al = b)^*$」と結びつき，また，数学的変数「$500 \leqq P \leqq 1000$」，「$k = 400 \times 310 = 124000$」との帰結として，「$\dfrac{124000}{1000} \leqq l \leqq \dfrac{124000}{500}$ ∴ $124 \leqq l \leqq 241$」という数学的結論を得るのに関与している。この数学に関係する原場面 GMC「$Al = P$ は成り立つか*」は，(GMC2) の役割を担っている。ここでは，変数 P と変数 l の間の関係は反比例の関係であるという仮定にもとづき，変数 P の変域を定めており，(GMC2-a) の能力を確認することができる。そして，仮定した数学的文脈である反比例の関係にもとづき，比例定数 l の変域を求めており，(GMC2-b) の能力を確認することができる。その一方で，測定した実データに対する近似に十分満足することができず，被験者 IH 自身が仮定した「反比例の関係 $(Al = b)^*$」という数学的モデル自体を疑っていた。実際，課題 (2e) では，データと関係式の整合性から，反比例の関係を半信半疑のまま扱っていた。したがって，この数学に関係する原場面「$Al = P$ は成り立つか*」は，(GMC1) の役割も担っている。ここでは，被験者 IH 自身の数学的判断で仮定した，変数 P と変数 l の間の関係は反比例の関係であるかどうか解釈を試みており，(GMC1-b) の能力を確認することができる。

第 2 節 原場面の役割に着目した規範的枠組みにもとづく能力の特定 111

(2) 被験者 NT の数学的モデリング能力の特定

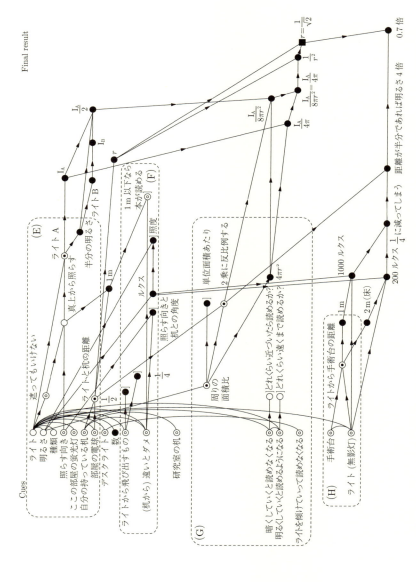

図 5.25 第 1 回目実験調査から得られたデータにもとづく被験者 NT の応用反応分析マップ中の原場面

112 第5章 原場面に着目した数学的モデリング能力の特定

(E) をつけた枠内には，2つの数学に関係する原場面 GMC と5つの現実世界に関係する原場面 GRC が示されている。これら7つの原場面の役割に着目した，数学的モデリング能力について確認する。

現実世界に関係する原場面 GRC「遮ってもいけない」が，「ライト」という数学以外の変数 RC から変化している。また，現実世界に関係する原場面 GRC「照らす向き」という項目は，「真上から照らす」という数学以外の変数 RC を導いている。そして，数学以外の変数 RC「ライト」，「真上から照らす」の帰結が，数学に関係する場面 GMC「ライト A」となっている。この「ライト A」という変数は，最終的結果を導く数学的モデルを構成する変数である。したがって，これらの現実世界に関係する原場面 GRC は，(GRC1) の役割を担っている。ここでは，被験者 NT 自身の数学的スキルに合わせて変数を扱うことができるように，ライトに関する変数を変化させており，(GRC1-a) の能力を確認することができる。

他には，現実世界に関係する原場面 GRC「ここの部屋の蛍光灯」，「部屋の電球」という項目が，解決はじめの数学以外の変数 RC「ライト」という項目との結びつきとして現れている。そして，現実世界に関係する原場面 GRC「自分の持っている机」が想起され，現実世界に関係する原場面 GRC「部屋の電球」という項目と結びつき，数学に関係する原場面 GMC「ライトと机の距離」という変数との帰結となっている。したがって，現実世界に関係する原場面 GRC「自分の持っている机」，「部屋の電球」は，(GRC1) の役割を担っている。ここでは，被験者 NT が想起した場面にもとづく変数を変化させており，(GRC1-a) の能力を確認することができる。そして，ここでは，ライトの明るさとライトから机までの距離の間の関係を構築しており，(GRC1-b) の能力を確認することができる。また，数学に関係する原場面 GMC「ライトと机の距離」は，(GMC2) の役割を担っている。ここでは，ライトから机までの距離は，被験者 NT が想起した場面にもとづく変数から変化したものであり，(GMC2-a) の能力を確認することができる。

(F) をつけた枠内には，1つの数学に関係する原場面 GMC と2つの現実世界に関係する原場面 GRC が示されている。これら3つの原場面の役割に着目した，数学的モデリング能力について確認する。

現実世界に関係する原場面 GRC「ライトから飛び出すもの」という項目が，解決はじめの数学以外の変数 RC「ライト」という項目との結び付きとして現れている。この現実世界に関係する原場面 GRC は，数学的変数 MC へ変化して，棄却されている。したがって，これらの現実世界に関係する原場面 GRC は，(GRC3) の役割を担っている。ここでは，問題設定過程において問題を構成する変数について検討する中で，被験者 NT が不要であると判断した変数を棄却しており，(GRC3-a) の能力を確認することができる。

他には，現実世界に関係する原場面 GRC「(机から) 遠いとダメ」という項目が，解決はじめの数学以外の変数 RC「ライト」と現実世界に関係する原場面 GRC「自分の持っている机」いう項目との結びつきとして現れている。また，数学に関係する原場面 GMC「1 m 以下なら本が読める」という変数は，上述の数学に関係する原場面 GMC「ライトと机の距離」にもとづく数学的変数 MC と現実世界に関係する原場面 GRC「(机から) 遠いとダメ」という項目という変数からの帰結であり，そこで解決が停止している。したがって，現実世界に関係する原場面 GRC「(机から) 遠いとダメ」は，(GRC1) の役割を担っている。ここでは，ライトの明るさとライトから机までの距離の間の関係構築に不要な変数について検討しており，(GRC1-b) の能力を確認することができる。また，数学に関係する原場面 GMC「1 m 以下なら本が読める」は，(GMC1) の役割を担っている。ここでは，被験者 IH 自身の判断により解決が進行しないと解釈しており，(GMC1-b) の能力を確認することができる。

(G) をつけた枠内には，2 つの数学に関係する原場面 GMC と 3 つの現実世界に関係する原場面 GRC が示されている。これら 5 つの原場面の役割に着目した，数学的モデリング能力について確認する。

数学に関係する原場面 GMC「周りの面積比」という変数は，「明るさ」という数学以外の変数 RC から変化したものである。そして，数学的変数 MC「単位面積あたり」で解決は停止する一方で，数学に関係する原場面 GMC「2 乗に反比例する」と数学的変数 MC「$4\pi r^2$」という 2 つの変数へ変化している。これらの変数は，数学的変数 MC「$\dfrac{I_A}{8\pi r^2} = \dfrac{I_A}{4\pi}$」を経由して，最終的結果「$r = \dfrac{1}{\sqrt{2}}$」を導くことになる。したがって，これらの数学に関係する原場面 GMC は，(GMC2)

114　第 5 章　原場面に着目した数学的モデリング能力の特定

及び (GMC3) の役割を担っている。ここでは，ライトの明るさとライトから机までの距離の関係として，ライトが照らす面積比に注目しており，(GMC2-a) の能力を確認することができる。そして，ライトが照らす面積比から，ライトの明るさとライトから机までの距離の間の関係は 2 乗に反比例するという関係を導いており，(GMC2-b) の能力を確認することができる。また，被験者 NT 自身が設定したライトが照らす面積比を単位面積あたりではなく，2 乗に反比例する関係として確認しており，(GMC3-b) の能力を確認することができる。

　他には，現実世界に関係する原場面 GRC「ライトを傾けていって読めなくなる」という項目は，現実世界に関係する原場面 GRC「デスクライト」という項目との結び付きであるものの，解決には用いられていない。また，現実世界に関係する原場面 GRC「暗くしていくと読めなくなる」，「明るくしていくと読めるようになる」という項目は，ともに，解決はじめの現実世界に関係する原場面 GRC「ライト」との結び付きであり，いずれも，数学以外の変数 RC で解決が停止している。したがって，現実世界に関係する原場面 GRC「暗くしていくと読めなくなる」，「明るくしていくと読めるようになる」は，(GRC3) の役割を担っている。ここでは，問題を構成する変数のうち，被験者 NT が解決に不要であると判断した変数を棄却しており，(GRC3-a) の能力を確認することができる。

　(H) をつけた枠内には，1 つの数学に関係する原場面 GMC と 2 つの現実世界に関係する原場面 GRC が示されている。これら 3 つの原場面の役割に着目した，数学的モデリング能力について確認する。

　最終的結果を得た後に，現実世界に関係する原場面 GRC「手術台」，「ライト (無影灯)」が想起されている。これらの現実世界に関係する原場面 GRC の帰結が，数学に関係する原場面 GMC「ライトから手術台の距離」という数学的モデルになっている。そして，被験者 NT 自身で数値「1 m」や「2 m」といった数学的変数 MC を設定して，数学的変数 MC「2 乗に反比例する」という数学的モデルを確認するとともに，最終的結果の確証に至っている。したがって，これらの現実世界に関係する原場面 GRC は，(GRC1) の役割を担っている。ここでは，被験者 NT 自身の学習経験にもとづき想起した場面を構成する変数を変化させており，(GRC1-a) の能力を確認することができる。そして，「ライト

と手術台までの距離」という変数間の関係を構築しており，(GRC1-b) の能力を確認することができる。

　また，数学に関係する原場面 GMC「ライトから手術台の距離」は，(GMC3) の役割を担っている。ここでは，得られた数学的結論に対して，ライトの明るさとライトから手術台までの距離の間の関係は 2 乗に反比例するという数学的モデルで説明できることを確認しており，(GMC3-a) の能力を確認することができる。また，上記の数学的モデルに対して，被験者 NT 自身が設定した条件である数値をもとに確認することができており，(GMC3-b) の能力を確認することができる。

116　第 5 章　原場面に着目した数学的モデリング能力の特定

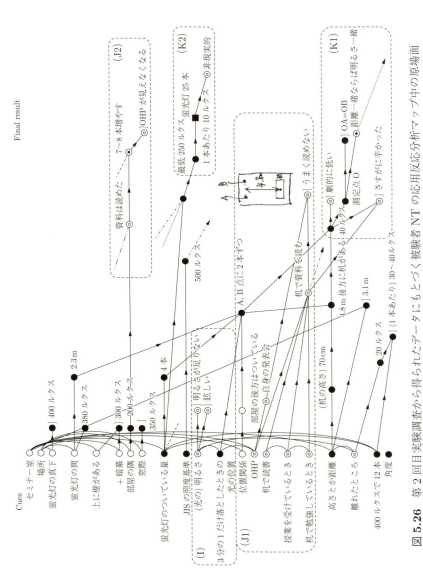

図 5.26　第 2 回目実験調査から得られたデータにもとづく被験者 NT の応用反応分析マップ中の原場面
注：紙幅の都合により，解決過程の進行の一部を破線や鎖線で示している。

第 2 節　原場面の役割に着目した規範的枠組みにもとづく能力の特定　117

（I）をつけた枠内には，3 つの現実世界に関係する原場面 GRC が示されている。これらの原場面の役割に着目した，数学的モデリング能力について確認する。

現実世界に関係する原場面 GRC「(光の) 明るさ」が想起され，そこで現実世界に関係する原場面 GRC「明るさが足りない」，「眩しい」という変数を導き，解決が停止している。したがって，この現実世界に関係する原場面 GRC は，(GRC3) の役割を担っている。ここでは，問題を構成する変数のうち，被験者 NT が解決に不要であると判断した変数が棄却されており，(GRC3-a) の能力を確認することができる。

一方で，数学的変数 MC「3 分の 1 だけ落としたときの光の位置」，「400 ルクスで 12 本」という項目とも結び付いている。ここでは，現実世界に関係する原場面 GRC「(光の) 明るさ」は，(GRC1) の役割も担っている。ここでは，変数が数学的変数に変化しており，(GRC1-a) の能力を確認することができる。

（J1）をつけた枠内には，7 つの現実世界に関係する原場面 GRC が示されている。これらの原場面の役割に着目した，数学的モデリング能力について確認する。

現実世界に関係する原場面 GMC「OHP」という項目が，数学的変数 MC「3 分の 1 だけ落としたときの光の位置」と解決はじめの数学以外の変数 RC「セミナー室」いう項目との結び付きとして現れている。そして，現実世界に関係する原場面 GRC「自身の発表会」，「うまく読めない」という変数を導き，解決が停止している一方で，現実世界に関係する原場面 GRC「机で資料を読む」という変数を導いている。したがって，これらの現実世界に関係する原場面 GRC は，(GRC3) の役割を担っている。ここでは，問題を構成する変数のうち，被験者 NT が解決に要不要であると判断した変数が採用もしくは棄却されており，(GRC3-a) の能力を確認することができる。

（J2）をつけた枠内には，1 つの数学に関係する原場面 GMC と 2 つの現実世界に関係する原場面 GRC が示されている。これら 3 つの原場面の役割に着目した，数学的モデリング能力について確認する。

現実世界に関係する原場面 GRC「資料を読めた」という変数は，数学以外の変数 RC「部屋の隅」という項目から変化したものである。また，数学に関係する原場面 GMC「7〜8 本増やす」という変数は，数学的変数 MC「蛍光灯のつい

ている量」という項目から変化したものである。したがって，数学に関係する原場面 GMC「7〜8本増やす」は，(GMC1) の役割を担っている。ここでは，蛍光灯を増やせば資料を読むことができる明るさになることを，実験調査を行ったセミナー室の状況を応用して判断しており，(GMC1-b) の能力を確認することができる。

そして，これらの変数から変化した，現実世界に関係する原場面 GRC「OHPが見えなくなる」という変数で解決が停止している。したがって，現実世界に関係する原場面 GRC「資料を読めた」は，(GRC2) 及び (GRC3) の役割を担っている。この「資料を読めた」という変数は，被験者 NT 自身が想起した原場面「机で資料を読む」という変数が変化したものであり，(GRC2-a) の能力を確認することができる。また，「資料を読めた」という結果は，被験者 NT 自身の判断によるものであり，(GRC3-b) の能力を確認することができる。

現実世界に関係する原場面 GRC「OHPが見えなくなる」は，(GRC2) の役割を担っている。この「OHPが見えなくなる」という変数は，被験者 NT 自身が想起した原場面「自身の発表会」，「OHP」という変数に由来しており，(GRC2-a) の能力を確認することができる。

(K1) をつけた枠内には，1つの数学に関係する原場面 GMC と2つの現実世界に関係する原場面 GRC が示されている。これら3つの原場面の役割に着目した，数学的モデリング能力について確認する。

数学的変数「40ルクス」に対して，現実世界に関係する原場面 GRC「劇的に低い」，「さすがに辛かった」という変数で解決が停止している。したがって，これらの現実世界に関係する原場面 GRC は，(GRC3) の役割を担っている。ここでは，問題を構成する変数のうち，被験者 NT が解決に不要であると判断した変数を棄却しており，(GRC3-a) の能力を確認することができる。

一方で，数学的変数「測定点 O」が変化して，数学に関係する原場面 GMC「距離一緒ならば明るさ一緒」という変数となり，最終的結果「蛍光灯25本」の導出に関与している。したがって，この数学に関係する原場面 GMC「距離一緒ならば明るさ一緒」は，(GMC2) の役割を担っている。ここでは，蛍光灯の明るさと距離がともに一定であるときの関係として捉えており，(GMC2-a) の能力を確認することができる。そして，蛍光灯1本あたりの明るさから資料を

第 2 節　原場面の役割に着目した規範的枠組みにもとづく能力の特定　119

読むために必要となる明るさを計算しており，(GMC2-b) の能力を確認することができる。

(K2) をつけた枠内には，現実世界に関係する原場面 GRC「非現実的」が示されている。現実世界に関係する原場面 GRC の役割に着目した，数学的モデリング能力について確認する。

最終的結果「蛍光灯 25 本」を得た後，現実世界に関係する原場面 GRC「非現実的」が想起されている。ここでは，数学的結論を現実世界の状況と照らし合わせて解釈している。したがって，この現実世界に関係する原場面 GRC は，(GRC2) の役割を担っている。ここで得られた最終的結果は算出された蛍光灯の本数であり，あくまでも数学内での結果であると解釈しており，(GRC2-b) の能力を確認することができる。

(3)　原場面の役割に着目した数学的モデリング能力の特定による成果

原場面の役割に着目した数学的モデリング能力の特定による成果は，次の 2 点である。

1) 原場面の役割への着目による新たな数学的モデリング能力の特定

原場面の役割は，数学的モデリングの図式にもとづき指摘したものであるものの，第 2 章第 2 節 (2) 及び第 2 章第 2 節 (3) で述べたように，これまでのモデリング研究で取り上げられてこなかった鍵概念である。そのため，本論文で特定することができた各能力は，新たな数学的モデリング能力である。

2) 原場面の役割への着目による数学的モデリング能力の具体的確認

第 5 章第 2 節 (1) 及び第 5 章第 2 節 (2) の考察から，現実世界に関係する原場面の役割に着目して，(GRC1-a)，(GRC1-b)，(GRC2-a)，(GRC2-b)，(GRC3-a),(GRC3-b) といった能力について，具体的に確認することができた；

(GRC1-a) 自身の数学的スキルに合うように，変数を変化させることができる。

　　　・変数 C に関係する数学的モデルの導出にともない変化が変化させている。

　　　・被験者 NT 自身の数学的スキルに合わせて変数を扱うことができる

ように，ライトに関する変数を変化させている。

・被験者 NT が想起した場面にもとづく変数を変化させている。

・被験者 NT 自身の学習経験にもとづき想起した場面を構成する変数を変化させている。

・変数が数学的変数に変化している。

(GRC1-b) **自身の数学的スキルに合わせて，変数間の関係を構築することができる。**

・被験者 IH 自身が取り上げた，変数 A と変数 C について，「$A_i = \alpha C_i \, (\alpha : $一定$)$」という関係を構築している。

・ライトの明るさとライトから机までの距離の間の関係構築に不要な変数について検討している。

・「ライトと手術台までの距離」という変数間の関係を構築している。

(GRC2-a) **得られた結果は，どの変数に由来するものであるか確認することができる。**

・「資料を読めた」という変数は，被験者 NT 自身が想起した原場面「机で資料を読む」という変数が変化したものである。

・「OHP が見えなくなる」という変数は，被験者 NT 自身が想起した原場面「自身の発表会」，「OHP」という変数に由来している。

(GRC2-b) **参照している変数は，条件付与なされたものであることを確認することができる。**

・得られた最終的結果は算出された蛍光灯の本数であり，あくまでも数学内での結果であると解釈している。

(GRC3-a) **問題を構成する変数を見出すことができる。**

・問題設定過程において問題を構成する変数について検討する中で，被験者 NT が不要であると判断した変数を棄却している。

・問題を構成する変数のうち，被験者 NT が解決に不要であると判断した変数を棄却している。

(GRC3-b) **独立変数と従属変数に変数を区別することができる。**

・「資料を読めた」という結果は，被験者 NT 自身の判断による。

また，数学に関係する原場面の役割に着目して，(GMC1-b)，(GMC2-a)，(GMC2-b)，(GMC3-a)，(GMC3-b)，(GMC4-b) といった能力について，具体的に確認することができた：

(GMC1-b) **自身の数学的判断で，解釈したり応用することができる。**
- 被験者 IH 自身の数学的判断により，未知の明るさの単位を解釈している。
- 被験者 IH 自身の数学的判断で仮定した，変数 P と変数 l の間の関係は反比例の関係であるかどうか解釈を試みている。
- 被験者 IH 自身の判断により解決が進行しないと解釈している。
- 蛍光灯を増やせば資料を読むことができる明るさになることを，実験調査を行ったセミナー室の状況を応用して判断している。

(GMC2-a) **自身が妥当と考える数学的文脈に合わせて各変数を関係づけることができる。**
- 「光源と本の距離 l」の間の関係は，被験者 IH 自身が妥当と考える「反比例の関係」であるとして，変数 A と変数 l を関係づけている。
- 変数 P と変数 l の間の関係は比例関係であると仮定している。
- 変数 P と変数 l の間の関係は反比例関係であるとあらためて仮定している。
- 変数 P と変数 l の間の関係は反比例の関係であるという仮定にもとづき，変数 P の変域を定めている。
- ライトから机までの距離は，被験者 NT が想起した場面にもとづく変数から変化している。
- ライトの明るさとライトから机までの距離の関係として，ライトが照らす面積比に注目している。
- 蛍光灯の明るさと距離がともに一定であるときの関係として捉えている。

(GMC2-b) **自身の数学的スキルで，数学的処理をおこなうことができる。**
- 反比例の関係「$Al = b\,(b：一定)$」を導いている。
- 被験者 IH 自身が仮定した数学的文脈に合わせて，比例式を立てて

計算を進めている。

・被験者 IH 自身が仮定した数学的文脈に合わせて，反比例の関係式を立てて計算を進めている。

・仮定した数学的文脈である反比例の関係にもとづき，比例定数 l の変域を求めている。

・ライトが照らす面積比から，ライトの明るさとライトから机までの距離の間の関係は 2 乗に反比例するという関係を導いている。

・蛍光灯 1 本あたりの明るさから資料を読むために必要となる明るさを計算している。

(GMC3-a) **得られた数学的結論に対して，数学的モデルを構成する変数及び変数間の関係を確認することができる。**

・得られた数学的結論に対して，ライトの明るさとライトから手術台までの距離の間の関係は 2 乗に反比例するという数学的モデルで説明できることを確認している。

(GMC3-b) **数学的モデルに対して，自身が設定した仮説や付与した条件を確認することができる。**

・被験者 NT 自身が設定したライトが照らす面積比を単位面積あたりではなく，2 乗に反比例する関係として確認している。

・数学的モデルに対して，被験者 NT 自身が設定した条件である数値をもとに確認している。

(GMC4-b) **新たな問題解決，もしくは，新たな数学的モデル，新たな数学の理論構築に対して，得られた数学的モデルや数学的結論を適用することができる。**

・新たな問題解決に対して，第 1 回目実験調査の中で得られた数学的モデル「反比例の関係 $(Al = b)^*$」を適用している。

第 3 節　原場面の機能に着目した記述的枠組みにもとづく能力の特定

　原場面の機能に着目し，数学的モデリング能力を補記する。数学的モデリングの記述的枠組みの 1 つである，応用反応分析マップには，原場面が項目や変

数として採用されている．第3章第2節(2)で同定した，原場面の機能は次の2つである：1つ目の地平機能は，ノエシス的側面である作用とノエマ的側面である対象の総合的な働きである．2つ目の反省機能は，過去のノエシスを振り返る働きである．数学的モデリングの過程の進行や停止等に対して，これらの原場面の機能がどのように関与しているのか記述していく．

(1) 被験者 IH の数学的モデリング能力の特定

被験者 IH の応用反応分析マップの枠をつけた部分 (図 5.23 及び図 5.24) の中から，数学的モデリングの過程の進行や停止等に対して，原場面の機能が関与している部分を取り上げる．なお，本文中の原場面の機能に二重線で下線をひき，原場面の機能の説明にあたる箇所に実線で下線をひいておく．

はじめに，(A) をつけた枠内で，数学的モデリングの過程進行に関与している原場面を取り上げる．

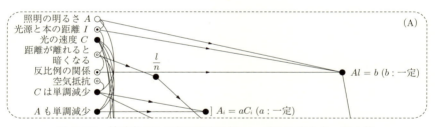

図 5.27 被験者 IH の応用反応分析マップ中の (A) をつけた枠

「$Al = b (b：一定)$」という数学的モデルをつくるまでの過程は，「$\alpha_\text{I} \to \alpha_\text{III} \to \beta_\text{III} \to \beta_\text{II}$」(図 5.2 及び図 5.6 参照) と記述されている．よって，「α モデル化」の過程の漸次的進行後に「β 数学化」の過程が漸次的進行している．このとき，数学的モデルを構成する変数として想起されている原場面は，「光源と本の距離 l」，「反比例の関係」であり，ともに数学に関係する原場面である．ここでは，これらの数学に関係する原場面からの帰結として，「β 数学化」の過程 (β_III) を経て，数学的モデルがつくられている．つまり，「光源と本の距離」

及び「反比例の関係」という項目は，数学的モデルをつくるまでの過程で作用するノエシス的側面を有している。また，「光源と本の距離」及び「反比例の関係」という項目は，最終的結果の導出まで保たれている対象であり，ノエマ的側面を有している。したがって，「αモデル化」の漸次的進行から数学的モデルをつくる過程で認められる原場面の地平機能である。

「$\sum_{i=0}^{n-1} t_{i+1} = \dfrac{l}{n}(C_0 + \cdots + C_n) \fallingdotseq 0$」という数学的モデル作成の結果，数学的

変数「$\dfrac{l}{n}(C_0 + \cdots + C_n) \fallingdotseq 0$」で解決が停止するまでの過程は，「$\to \beta_{\mathrm{I}} \to \beta_{\mathrm{IV}}$」

(図 5.3 及び図 5.6 参照) と記述されている。よって，「β 数学化」の過程が漸次的進行している。現実世界に関係する原場面「距離が離れると暗くなる」という項目は，上述の「反比例の関係」という数学的モデルと結びつく一方で，数学的変

数「$\dfrac{l}{n}$」へと変化し，幾つかの数学的変数との帰結が「$\dfrac{l}{n}(C_0 + \cdots + C_n) \fallingdotseq 0$」

となり解決が停止している。この現実世界に関係する原場面は，数学的モデルを構成する変数を導出する一方で，「β 数学化」の過程の漸次的進行に関与している。つまり，「距離が離れると暗くなる」という項目は，数学的変数の導出に先立ち，「β 数学化」の過程の漸次的進行に作用する，ノエシス的側面を有している。また，被験者 IH 自身が仮定した「反比例の関係」をもとにした数学的モデルを構成する変数の導出過程で作用する，ノエシスに対する振り返りであり，数学的結論の導出に関与している。したがって，数学的結論を導出する際に認められる原場面の反省機能である。このように，誤った仮定をおいたまま数学的モデリングが進行していく危険性を孕んでいる。たとえ原場面の反省機能が作用していたとしても，モデラー自身が設定した仮定を疑うことなく認めてしまい解決過程が進行してしまう場合がある。

次に，(B) をつけた枠内で，数学的モデリングの過程進行に関与している原場面を取り上げる。

最終的結果に至る過程は，「$\to \gamma_{\mathrm{IV}}$」(図 5.6 参照) と記述されている。よって，「γ 数学的作業」の過程が進行している。数学的変数「$l = 0.1\,\mathrm{m}$」と想起された数学に関係する原場面「MKS 単位系*」の帰結が，最終的結果となっている。つまり，「MKS 単位系*」という項目は，「γ 数学的作業」の過程で作用するノエ

図 5.28 被験者 IH の応用反応分析マップ中の (B) をつけた枠

シス的側面を有している．また，「MKS 単位系*」という項目は，数学的結論の単位の数学的表現に関与している対象であり，ノエマ的側面を有している．したがって，<u>「γ 数学的作業」</u>の過程に認められる原場面の地平機能である．

そして，(C) をつけた枠内で，数学的モデリングの過程進行に関与している原場面を取り上げる．

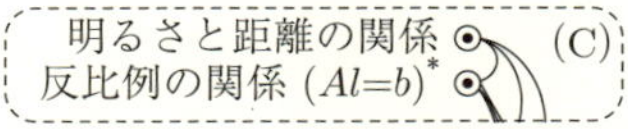

図 5.29 被験者 IH の応用反応分析マップ中の (C) をつけた枠

第2回目実験調査の開始時に前提となっている数学的モデルは，第1回目実験調査時に設定した数学的モデルによるものであり，「$\beta_{\mathrm{I}} \to$」(図 5.8 及び図 5.10 参照) と記述されている．よって，既に「β 数学化」の過程が進行している．つまり，<u>ここでの数学に関係する原場面は，これからの解決の前提として数学的モデリング全体に作用するノエシス的側面を有している</u>．また，<u>被験者 IH 自身が第1回目の実験調査時に仮定した，「反比例の関係」をもとにした数学的モデル「$Al = b$」に対して作用するノエシスに対する振り返りである</u>．したがって，解決の前提となる数学的モデルに対する原場面の反省機能である．

最後に，(D) をつけた枠内で，数学的モデリングの過程進行に関与している原場面を取り上げる．

「比例関係でない」として解決が停止するまでの過程は，「$\to \beta_{\mathrm{I}} \to \beta_{\mathrm{III}} \to \gamma_{\mathrm{IV}}$」(図 5.9 及び図 5.10 参照) と記述されている．よって，「β 数学化」の過程の漸次的進行から「γ 数学的作業」の過程まで進行している．ここでは，数学に関係する原場面「比例式で近似」が想起されている．表2の数値を用いて，比例式を

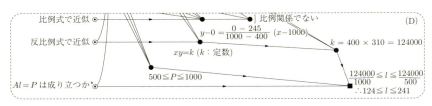

図 5.30 被験者 IH の応用反応分析マップ中の (D) をつけた枠

計算しグラフ化することで，明るさと距離の関係は「比例関係ではない」という数学的結論を得ている。これは，解決はじめに前提としていた反比例の関係自体の問い直しによるものである (付録 B.3 におけるプロトコル 14：12, 23：18 参照)。つまり，ここでの数学に関係する原場面は，「β 数学化」の過程の漸次的進行の過程進行に作用するノエシス的側面を有している。また，前提となる数学的モデル自体を問い直す，ノエシスに対する振り返りである。したがって，「β 数学化」の過程の漸次的進行に認められる原場面の反省機能である。

最終的結果に至る過程は，「$\to \beta_{\text{IV}} \to \gamma_{\text{III}} \to \gamma_{\text{IV}}$」(図 5.10 参照) と記述されている。よって，「β 数学化」の過程の進行後に「γ 数学的作業」の過程が漸次的進行している。ここで想起された数学に関係する原場面「反比例式で近似」，「$Al = P$ は成り立つか*」は，ともに，解決はじめの数学に関係する原場面「反比例の式 $(Al = b)*$」と結びついている。つまり，ここでの数学に関係する原場面は，「γ 数学的作業」の過程の漸次的進行で作用するノエシス的側面を有している。また，「$Al = P$ は成り立つか*」という項目は，前提となる数学的モデルを振り返る対象であり，ノエマ的側面を有している。したがって，数学的モデルの再確認と「γ 数学的作業」の過程の漸次的進行に認められる原場面の地平機能である。

(2) 被験者 NT の数学的モデリング能力の特定

被験者 NT の応用反応分析マップの枠をつけた部分 (図 5.25 及び図 5.26) の中から，数学的モデリングの過程の進行や停止等に対して，原場面の機能が関与している部分を取り上げる。なお，本文中に，原場面の機能の説明にあたる箇所に下線をひいておく。

第 3 節　原場面の機能に着目した記述的枠組みにもとづく能力の特定　127

　はじめに，(E) をつけた枠内で，数学的モデリングの過程進行に関与している原場面を取り上げる。

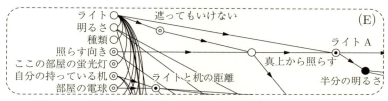

図 5.31　被験者 NT の応用反応分析マップ中の (E) をつけた枠

　数学に関係する原場面である「ライト A」という変数が帰結となっている過程は，「$\alpha_\mathrm{I} \to \beta_\mathrm{III} \to$」(図 5.12 及び図 5.16 参照) と記述されている。よって，「α モデル化」の過程から「β 数学化」の過程まで進行している。ここで想起された数学に関係する原場面は，2 つの数学以外の変数「ライト」，「真上から照らす」の帰結であり，これらは現実世界に関係する原場面「遮ってもいけない」，「照らす向き」を経由している。同様に，数学に関係する原場面「ライトと机の距離」という変数が帰結となっている過程は，「$\alpha_\mathrm{I} \to \beta_\mathrm{III} \to$」(図 5.12 及び図 5.16 参照) と記述されている。よって，「α モデル化」の過程から「β 数学化」の過程まで進行している。ここで想起された数学に関係する原場面は，現実世界に関係する原場面「自分の持っている机」，「部屋の電球」の帰結となっている。このように，現実世界に関係する原場面から数学に関係する原場面への帰結は，「β 数学化」の過程へ向かう変数の変化である。つまり，<u>ここでの数学に関係する原場面は，いずれも，「β 数学化」の過程へ向かう中で作用するノエシス的側面を有している</u>。また，<u>ここでの数学に関係する原場面は，いずれも，最終的結果の導出過程まで保たれている対象であり，ノエマ的側面を有している</u>。したがって，<u>「β 数学化」の過程へ向かう中で認められる原場面の地平機能</u>である。
　次に，(F) をつけた枠内で，数学的モデリングの過程進行に関与している原場面を取り上げる。

128　第 5 章　原場面に着目した数学的モデリング能力の特定

図 5.32　被験者 NT の応用反応分析マップ中の (F) をつけた枠

　数学に関係する原場面「1 m 以下なら本が読める」という変数で解決が停止するまでの過程は，「$\alpha_\mathrm{I} \to \beta_\mathrm{III} \to \gamma_\mathrm{III}$」(図 5.14 及び図 5.16 参照) と記述されている。よって，「α モデル化」の過程，「β 数学化」の過程，そして「γ 数学的作業」の過程まで進行している。ここで，現実世界に関係する原場面「(机から) 遠いとダメ」という項目は破棄されるものの，(E) をつけた枠内の現実世界に関係する原場面「照らす向き」という項目や数学に関係する原場面である変数は採用されている。これらの原場面は，数学に関係する原場面「1 m 以下なら本が読める」という変数の導出に先立ち，数学的モデルづくりの中で作用するノエシス的側面を有している。つまり，「1 m 以下なら本が読める」という変数では，過去のノエシスを振り返り，解決に必要となる項目や変数の取捨選択が行われている。したがって，数学的モデルをつくる過程で認められる原場面の反省機能である。

　第 3 に，(G) をつけた枠内で，数学的モデリングの過程進行に関与している原場面を取り上げる。

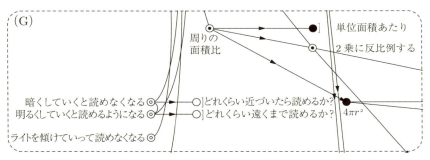

図 5.33　被験者 NT の応用反応分析マップ中の (G) をつけた枠

数学に関係する原場面「周りの面積比」,「2乗に反比例する」という変数の変化により,最終的結果まで解決が進行していき,この過程は,「$\to \beta_{\text{III}} \to \gamma_{\text{IV}}$」(図 5.15 及び図 5.16 参照) と記述されている。よって,「β 数学化」の過程から「γ 数学的作業」の過程まで進行している。「ライトと机の距離」の関係について考察を進める中で,数学に関係する原場面「周りの面積比」という変数が導出されている。つまり,「周りの面積比」という変数は,数学的結論の導出過程で作用するノエシス的側面を有している。その際,「単位面積あたり」という数学的変数で解決が停止している。一方で,「周りの面積比」という変数は,数学的変数である「$4\pi r^2$」や数学に関係する原場面「2乗に反比例する」という変数を導出している。つまり,「周りの面積比」という変数は,「2乗に反比例する」という最終的結論を導く数学的モデルの対象となっており,ノエマ的側面を有している。したがって,「γ 数学的作業」へ向かう「β 数学化」の過程に認められる原場面の地平機能である。

第 4 に,(H) をつけた枠内で,数学的モデリングの過程進行に関与している原場面を取り上げる。

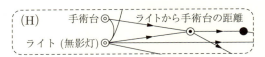

図 **5.34** 被験者 NT の応用反応分析マップ中の (H) をつけた枠

最終的結果として「$r = \dfrac{1}{\sqrt{2}}$」という数学的結論を導いた後,現実世界に関係する原場面「手術台」,「ライト (無影灯)」という項目が,数学に関係する原場面「ライトから手術台までの距離」という変数を導き,その関係から数学的結論を確認する過程は,「$\alpha_{\text{I}} \to \beta_{\text{III}} \to \gamma_{\text{III}} \to \gamma_{\text{IV}}$」(図 5.16 参照) と記述されている。よって,「α モデル化」の過程から「β 数学化」の過程まで経た後,「γ 数学的作業」の過程が漸次的進行している。それは,光源から離れたところにある面の明るさは光源からの距離の 2 乗に反比例するという関係にあるものの,確証には到っていなかった (例えば,付録 C.1 におけるプロトコル 12:22,12:51 参

照) ためである．プロトコル (21：09, 21：38, 22：07) にあるように，被験者 NT は，自身の学習経験にもとづき，2 乗に比例する関係について再考している．つまり，被験者NT自身の学習経験にもとづく，数学的結論の導出過程で作用するノエシスに対する振り返りであり，数学的結論が確証に変移している．したがって，数学的結論の信頼性を高める際に認められる原場面の反省機能である．

　第 5 に，(I) をつけた枠内で，数学的モデリングの過程進行に関与している原場面を取り上げる．

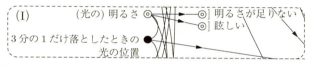

図 5.35 被験者 NT の応用反応分析マップ中の (I) をつけた枠

　現実世界に関係する原場面「(光の) 明るさ」が想起され，数学的変数「3 分の 1 だけ落としたときの光の位置」という項目と結びつく過程は，「$\alpha_\mathrm{I} \to \alpha_\mathrm{II}$」(図 5.19 及び図 5.22 参照) と記述されている．よって，「α モデル化」の過程が漸次的進行している．現実世界に関係する原場面「明るさが足りない」，「眩しい」といった変数により解決が停止することで，光の明るさではなく，光の位置に目を向けている．つまり，被験者NT自身の現実世界における経験にもとづき，変数の再抽出・再設定で作用するノエシスに対する振り返りであり，数学的変数の新たな側面に目を向けている．したがって，解決に必要となる他の変数へ目を向けるきっかけづくりに認められる原場面の反省機能である．

　第 6 に，(J1) をつけた枠内で，数学的モデリングの過程進行に関与している原場面を取り上げる．

　4 つの現実世界に関係する原場面からの帰結である「机で資料を読む」という変数もまた現実世界に関係する原場面であり，現実世界に関係する原場面「うまく読めない」という変数によって解決が停止している．この過程は，「$\alpha_\mathrm{I} \to \alpha_\mathrm{I} \to \alpha_\mathrm{III}$」(図 5.21 及び図 5.22 参照) と記述されている．よって，「α

第3節　原場面の機能に着目した記述的枠組みにもとづく能力の特定　131

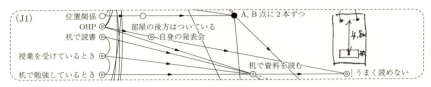

図 5.36　被験者 NT の応用反応分析マップ中の (J1) をつけた枠

モデル化」が漸次的進行している．ここでは，現実世界に関係する原場面にもとづく過程が進行するものの解決が停止している．つまり，<u>被験者 NT 自身の現実世界における経験にもとづく，「α モデル化」の過程の漸次的進行で作用するノエシスに対する振り返りであり，問題解決に必要となる変数の抽出を行っている</u>．したがって，<u>解決に必要となる他の変数の抽出に向けた「α モデル化」の過程の漸次的進行に認められる原場面の反省機能</u>である．

続いて，(J2) をつけた枠内で，数学的モデリングの過程進行に関与している原場面を取り上げる．

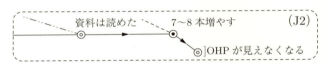

図 5.37　被験者 NT の応用反応分析マップ中の (J2) をつけた枠

上述の (J1) をつけた枠内での過程進行に引き続き，現実世界に関係する原場面「机で資料を読む」という変数が変化し，最終的に，現実世界に関係する原場面「OHP が見えなくなる」という変数によって解決が停止している．この過程は，「$\beta_{\mathrm{I}} \to \alpha_{\mathrm{III}}$」(図 5.21 及び図 5.22 参照) と記述されている．よって，「β 数学化」の過程から「α モデル化」の過程まで進行しており，数学的モデリングの図式に示されている矢印とは逆向きに過程が進行している．ここでは，数学に関係する原場面「7～8 本増やす」を経由している．つまり，<u>「β 数学化」の過程から「α モデル化」の過程までに作用するノエシスに対する振り返りであり，数学的モデルを現実世界の状況と照らし合わせたときに限界が生じている</u>．

したがって，「β数学化」の過程から「αモデル化」の過程までという数学的モデリングの図式に示される矢印とは逆向きの過程進行に認められる原場面の反省機能である。

最後に，(K1) 及び (K2) をつけた枠内で，数学的モデリングの過程進行に関与している原場面を取り上げる。

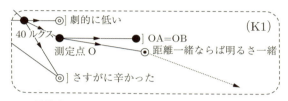

図 5.38 被験者 NT の応用反応分析マップ中の (K1) をつけた枠

図 5.39 被験者 NT の応用反応分析マップ中の (K2) をつけた枠

最終的結果として「蛍光灯 25 本」という数学的結論を導いた後，現実世界に関係する原場面「非現実的」という変数で，数学的結論を棄却している過程は，「$\to \gamma_{IV} \to \delta_{1\,I}$」(図 5.22 参照) と記述されている。よって，「γ数学的作業」の過程から「δ_1 現実場面の解釈」の過程まで進行している。数学的モデル (図 4.7 参照) の A，B の 2 地点に，25 本の蛍光灯を取り付けること自体が，現実世界の状況下ではあり得ないと解釈している。つまり，数学的結論の解釈の過程で作用するノエシスに対する振り返りであり，数学的結論を現実世界の状況に照らし合わせたときに限界が生じている。したがって，数学的結論の限界を指摘する上で認められる原場面の反省機能である。

(3) 原場面の機能に着目した数学的モデリング能力の特定による成果

原場面の機能に着目した数学的モデリング能力の特定による成果は，次の2点である。

1) 原場面の地平機能に着目した数学的モデリング能力の確認と補記

原場面の地平機能は，ノエシス的側面である作用とノエマ的側面である対象の総合的な働きである。この機能に着目した数学的モデリングについて，数学的モデリングに対する作用として，次の能力2点を具体的に確認することができた：「『γ 数学的作業』の過程」，「『γ 数学的作業』へ向かう『β 数学化』の過程」。また，同様に，次の能力3点を具体的に補記することができた：「『α モデル化』の漸次的進行から数学的モデルをつくる過程」，「数学的モデルの再確認と『γ 数学的作業』の過程の漸次的進行」，「『β 数学化』の過程へ向かう中」。

2) 原場面の反省機能に着目した数学的モデリング能力の確認と補記

原場面の反省機能は，過去のノエシスを振り返る働きである。この機能に着目した数学的モデリングについて，数学的モデリングに対する作用として，次の能力3点を具体的に確認することができた：「数学的結論を導出する際」，「数学的モデルをつくる過程」，「数学的結論の限界を指摘する際」。また，同様に，次の能力6点を具体的に補記することができた：「『β 数学化』の過程の漸次的進行」，「解決の前提となる数学的モデルに対して」，「数学的結論の信頼性を高める際」，「解決に必要となる他の変数へ目を向けるきっかけづくり」，「解決に必要となる他の変数の抽出に向けた『α モデル化』の過程の漸次的進行」，「『β 数学化』の過程から『α モデル化』の過程までという数学的モデリングの図式に示される矢印とは逆向きの過程進行」。

第4節　第5章のまとめ

第5章では，原場面に着目した数学的モデリング能力の新しい枠組みを用いて，数学的モデリング能力を特定した。

第1節では，大学院生を被験者とする実験調査で得られたデータをもとに，応用反応分析マップ（図5.1, 図5.7, 図5.11, 図5.17）を作成した。そして，

数学的モデリング能力の規範的枠組みである「数学的モデリングの各過程の進行に必要な変数の取り扱い」(表 2.1) にしたがい，数学的モデリングの過程進行を追跡した (図 5.6，図 5.10，図 5.16，図 5.22)。

第 2 節では，応用反応分析マップの中から，原場面が現れている箇所を焦点化した (図 5.23，図 5.24，図 5.25，図 5.26)。そして，原場面の役割に着目して，次のような数学的モデリング能力を確認することができた：現実世界に関係する原場面の役割から同定される能力として，(GRC1-a)，(GRC1-b)，(GRC2-a)，(GRC2-b)，(GRC3-a)，(GRC3-b) を確認することができた。また，数学に関係する原場面の役割から同定される能力として，(GMC1-b)，(GMC2-a)，(GMC2-b)，(GMC3-a)，(GMC3-b)，(GMC4-b) を確認することができた。また，複数の役割を担っている原場面についても特定し，数学的モデリング能力を確認することができた。

第 3 節では，原場面の地平機能と反省機能に着目して，数学的モデリング能力を確認・補記した。具体的には，地平機能に着目して，能力 5 点 (「α モデル化」の漸次的進行から数学的モデルをつくる過程，「γ 数学的作業」の過程，数学的モデルの再確認と「γ 数学的作業」の過程の漸次的進行，「β 数学化」の過程へ向かう過程，「γ 数学的作業」へ向かう「β 数学化」の過程) を指摘した。また，反省機能に着目して，能力 9 点 (数学的結論の導出，解決の前提となる数学的モデルに対する振り返り，「β 数学化」の過程の漸次的進行，数学的モデルをつくる過程，数学的結論の信頼性を高める，解決に必要となる他の変数へ目を向けるきっかけづくり，解決に必要となる他の変数の抽出に向けた「α モデル化」の過程の漸次的進行，「β 数学化」の過程から「α モデル化」の過程までの過程進行，数学的結論の限界の指摘) を指摘した。

第**6**章

おわりに

本章では，本研究を振り返り，研究成果と今後の課題について述べる。

第1節では，本研究の成果について述べる。

第2節では，本研究の考察の末，残された課題について述べる。

第1節　本研究の成果

本研究の目的は，原場面に着目した数学的モデリング能力を特定することであった。そこで，2つの下位目的を設定した。

1つ目の下位目的は，数学的モデリングにおいて原場面に注目する意義を明らかにすることであった。方法は，フッサールの創始した現象学にもとづく哲学的考察をおこなうことであった。具体的には，中後期フッサール現象学の方法のうち，志向性と「ノエシス–ノエマ」構造に注目した。その結果，次の2つの原場面の機能を同定することができた：1つ目の地平機能は，ノエシス的側面である作用とノエマ的側面である対象の総合的な働きである。2つ目の反省機能は，過去のノエシスを振り返る働きである。

2つ目の下位目的は，原場面の役割や原場面の機能にもとづき，数学的モデリング能力を分析することであった。方法は，認知科学的アプローチによる能力記述の方法の1つである反応マップを援用した，応用反応分析マップを用いて，数学的モデリングの実際を追跡し，数学的モデリング能力を確認・補記することであった。そこで，「解決者が自身の経験にもとづき想起する場面」(松嵜，2008, p.123) である原場面に着目し，数学的モデリング能力の規範的枠組みにおける原場面の役割について指摘した。原場面には，現実世界に関係する

原場面 GRC と数学に関係する原場面 GMC があり，それぞれ 4 つの役割について指摘した。そして，各役割に対応する形で，数学的モデリング能力を同定することができた。これらの能力は，規範的枠組みから同定される暫定的な数学的モデリング能力である。そこで，数学的モデリング能力に関する実験調査を設計・実行し，この新たな規範的枠組みにもとづき，数学的モデリングの過程進行を示した。その結果，「β 数学化」の過程と「γ 数学的作業」の過程について，【β_I】，【γ_III】といった，数学的モデリング能力の規範的枠組みである「数学的モデリングの各過程の進行に必要な変数の取り扱い」（表 2.1）の空欄部分に該当する過程進行を確認することができた。

以下は，現実世界に関係する原場面の役割のうち，6 つの役割に対して確認することができた数学的モデリング能力である；

(GRC1) 現実モデルもしくは数学的モデルを保証する役割

(GRC1-a) 自身の数学的スキルに合うように，変数を変化させることができる。

- 変数 C に関係する数学的モデルの導出にともない変数を変化させている。
- 被験者 NT 自身の数学的スキルに合わせて変数を扱うことができるように，ライトに関する変数を変化させている。
- 被験者 NT が想起した場面にもとづく変数を変化させている。
- 被験者 NT 自身の学習経験にもとづき想起した場面を構成する変数を変化させている。
- 変数が数学的変数に変化している。

(GRC1-b) 自身の数学的スキルに合わせて，変数間の関係を構築することができる。

- 被験者 IH 自身が取り上げた，変数 A と変数 C について，「$A_i = \alpha C_i\,(\alpha：一定)$」という関係を構築している。
- ライトの明るさとライトから机までの距離の間の関係構築に不要な変数について検討している。
- 「ライトと手術台までの距離」という変数間の関係を構築している。

(GRC2) 解釈の拠り所としての役割

(GRC2-a) 得られた結果は，どの変数に由来するものであるか確認することができる。

  ・「資料を読めた」という変数は，被験者 NT 自身が想起した原場面「机で資料を読む」という変数が変化したものである。
  ・「OHP が見えなくなる」という変数は，被験者 NT 自身が想起した原場面「自身の発表会」，「OHP」という変数に由来している。

(GRC2-b) 参照している変数は，条件付与なされたものであることを確認することができる。

  ・得られた最終的結果は算出された蛍光灯の本数であり，あくまでも数学内での結果であると解釈している。

(GRC3) 「α モデル化」の妥当性を検証する役割

(GRC3-a) 問題を構成する変数を見出すことができる。

  ・問題設定過程において問題を構成する変数について検討する中で，被験者 NT が不要であると判断した変数を棄却している。
  ・問題を構成する変数のうち，被験者 NT が解決に不要であると判断した変数を棄却している。

(GRC3-b) 独立変数と従属変数に変数を区別することができる。

  ・「資料を読めた」という結果は，被験者 NT 自身の判断による。

　また，以下は，数学に関係する原場面の役割のうち，6 つの役割に対して確認することができた数学的モデリング能力である：

(GMC1) 数学的結論や現実場面，現実モデル，問題を保証する役割

(GMC1-b) 自身の数学的判断で，解釈したり応用することができる。

  ・被験者 IH 自身の数学的判断により，未知の明るさの単位を解釈している。
  ・被験者 IH 自身の数学的判断で仮定した，変数 P と変数 l の間の関係は反比例の関係であるかどうか解釈を試みている。
  ・被験者 IH 自身の判断により解決が進行しないと解釈している。

・蛍光灯を増やせば資料を読むことができる明るさになることを，実験調査を行ったセミナー室の状況を応用して判断している。

(GMC2)「β 数学化」の拠り所としての役割

(GMC2-a) 自身が妥当と考える数学的文脈に合わせて各変数を関係づけることができる。

・「光源と本の距離 l」の間の関係は，被験者 IH 自身が妥当と考える「反比例の関係」であるとして，変数 A と変数 l を関係づけている。
・変数 P と変数 l の間の関係は比例関係であると仮定している。
・変数 P と変数 l の間の関係は反比例関係であるとあらためて仮定している。
・変数 P と変数 l の間の関係は反比例の関係であるという仮定にもとづき，変数 P の変域を定めている。
・ライトから机までの距離は，被験者 NT が想起した場面にもとづく変数から変化している。
・ライトの明るさとライトから机までの距離の関係として，ライトが照らす面積比に注目している。
・蛍光灯の明るさと距離がともに一定であるときの関係として捉えている。

(GMC2-b) 自身の数学的スキルで，数学的処理をおこなうことができる。

・反比例の関係「$Al = b\,(b：一定)$」を導いている。
・被験者 IH 自身が仮定した数学的文脈に合わせて，比例式を立てて計算を進めている。
・被験者 IH 自身が仮定した数学的文脈に合わせて，反比例の関係式を立てて計算を進めている。
・仮定した数学的文脈である反比例の関係にもとづき，比例定数 l の変域を求めている。
・ライトが照らす面積比から，ライトの明るさとライトから机までの距離の間の関係は 2 乗に反比例するという関係を導いている。
・蛍光灯 1 本あたりの明るさから資料を読むために必要となる明るさを計算している。

(GMC3)「γ 数学的作業」の妥当性を検証する役割

(GMC3-a) 得られた数学的結論に対して，数学的モデルを構成する変数及び変数間の関係を確認することができる。

・得られた数学的結論に対して，ライトの明るさとライトから手術台までの距離の間の関係は 2 乗に反比例するという数学的モデルで説明できることを確認している。

(GMC3-b) 数学的モデルに対して，自身が設定した仮説や付与した条件を確認することができる。

・被験者 NT 自身が設定したライトが照らす面積比を単位面積あたりではなく，2 乗に反比例する関係として確認している。

・数学的モデルに対して，被験者 NT 自身が設定した条件である数値をもとに確認している。

(GMC4) 数学的結論の適用可能性を探る役割

(GMC4-b) 新たな問題解決，もしくは，新たな数学的モデル，新たな数学の理論構築に対して，得られた数学的モデルや数学的結論を適用することができる。

・新たな問題解決に対して，第 1 回目実験調査の中で得られた数学的モデル「反比例の関係 $(Al = b)^*$」を適用している。

新たな記述的枠組みとして，応用反応分析マップ内の原場面が解決過程の進行に及ぼす影響について，原場面の機能に着目して分析をおこなった。

1 つ目の下位目的の成果として同定した，原場面の地平機能はノエシス的側面である作用とノエマ的側面である対象の総合的な働きであった。原場面の地平機能に着目した数学的モデリング能力として，次の 2 点を具体的に確認することができた：「『γ 数学的作業』の過程」，「『γ 数学的作業』へ向かう『β 数学化』の過程」。また，次の 3 点を具体的に補記することができた：「『α モデル化』の漸次的進行から数学的モデルをつくる過程」，「数学的モデルの再確認と『γ 数学的作業』の過程の漸次的進行」，「『β 数学化』の過程へ向かう過程」。

同様に，1 つ目の下位目的の成果として同定した，原場面の反省機能は過去のノエシスを振り返る働きであった。原場面の反省機能に着目した数学的モデ

リング能力として，次の3点を具体的に確認することができた：「数学的結論の導出」，「数学的モデルをつくる過程」，「数学的結論の限界の指摘」。また，次の6点を具体的に補記することができた：「『β数学化』の過程の漸次的進行」，「解決の前提となる数学的モデルに対する振り返り」，「数学的結論の信頼性を高める」，「解決に必要となる他の変数へ目を向けるきっかけづくり」，「解決に必要となる他の変数の抽出に向けた『αモデル化』の過程の漸次的進行」，「『β数学化』の過程から『αモデル化』の過程までという数学的モデリングの図式に示される矢印とは逆向きの過程進行」。

第2節　今後の課題

　自己以外との他者との関係の中で，「『他我』は〈私〉にとってたしかにひとつの〈超越〉（＝ノエマ，間接的呈示）として構成されたもの」（竹田, 1989, p.134）であるとされる。モデルの特質を反映させた問題設定を取り入れた数学的モデリング指導では，「共有性」の側面も重要である（金児・松嵜, 2012; 川上・松嵜, 2012; Matsuzaki, 2007）。本論文で取り上げた実験調査は，個々のモデリングの実際を捉えることを主眼に置いた設定であり，一斉授業における数学的モデリング指導による成果ではない。その際，フッサールの現象学の方法の特徴の1つである〈ノエシス–ノエマ〉構造自体が，実は〈主観–客観〉図式であると批判する見方（廣松, 1988）にも目を向けていく必要があろう。

　数学的モデリングの図式として参照されることが多い，モデリング・サイクル（図2.5）では，「数学世界の残り (the rest of world)」として数学以外の世界を規定している。19世紀に起こった西洋数学革命も，これを支持している（加藤, 2013）。解決者の数学的知識・スキルによって，その世界の広がりも異なってくる。つまり，同じ問題であっても，解決者によって，数学の問題であると認識する者もあれば，数学の問題ではないと認識する者も想定できるのである。結果として，問題を数学的解決する程度も異なってくる。再帰的過程である数学的モデリングにおいては，数学と数学以外の世界の両世界の照合を欠いてはならない。本論文で指摘した数学に関係する原場面と現実世界に関係する原場面の諸機能について分類・整理を行う場合，数学的モデルを構成する数学の射

程についても見逃すことは出来ない (池田, 2013)。

引用・参考文献

廣松渉 (1988)『哲学入門一歩前—モノからコトへ—』，講談社．

廣松渉 (1994)『フッサール現象学への視角』，青土社．

池田敏和 (2013)「モデルに焦点を当てた数学的活動に関する研究の世界的傾向とそれらの関連性」，『日本数学教育学会誌』，**95**(5)，pp.3–18．

金児正史・松嵜昭雄 (2012)「数学的モデリング指導を通じたモデルの共有化—現実世界の課題場面からの問題設定に焦点をあてて—」，『日本科学教育学会第36回年会論文集』，pp.109–112．

加藤文元 (2013)『数学の想像力—正しさの深層に何があるのか—』，筑摩書房．

川上貴・松嵜昭雄 (2012)「小学校における数学的モデリングの指導の新たなアプローチ—現実世界の課題場面からの問題設定に焦点をあてて—」，『日本数学教育学会誌』，**94**(6)，pp.2–12．

Matsuzaki, A. (2007). How might we share models through cooperative mathematical modelling? Focus on situations based on individual experiences. In W. Blum, P. Galbraith, H. Hans-Wolfgang, & M. Niss (Eds.), *Modelling and Applications in Mathematics Education: The 14th ICMI Study* (pp.357–364). Springer.

松嵜昭雄 (2008)「数学的モデリング能力の特定方法に関する研究—原場面への注目と課題分析マップの援用—」，『筑波教育学研究』，第6号，pp.119–133．

松嵜昭雄・齋藤昇・廣瀬隆司 (2011a)「発散的思考を促す逆問題の取扱いに関する一考察—文章題指導の段階からの示唆と原場面への注目—」，『2011年度数学教育学会春季年会発表論文集』，pp.48–50．

松嵜昭雄・齋藤昇・廣瀬隆司 (2011b)「現実世界における課題の解決に向けた絵や図の役割—文章題指導の視点と原場面への注目—」，『日本教授学習心理学会第7回年会予稿集』，pp.28–29．

竹田青嗣 (1989)『現象学入門』，日本放送出版協会．

付録

数学的モデリング能力の
実験調査に関する資料

付録 A　実験調査ワークシート

　　A.1　第 1 回目実験調査ワークシート

　　A.2　第 2 回目実験調査ワークシート

付録 B　被験者 IH の実験調査データ

　　B.1　第 1 回目実験調査における被験者 IH のプロトコル

　　B.2　再生刺激法による被験者 IH へのインタビュー

　　B.3　第 2 回目実験調査における被験者 IH のプロトコル

付録 C　被験者 NT の実験調査データ

　　C.1　第 1 回目実験調査における被験者 NT のプロトコル

　　C.2　再生刺激法による被験者 NT へのインタビュー

　　C.3　第 2 回目実験調査における被験者 NT のプロトコル

付録 A　実験調査ワークシート

 A.1　第1回目実験調査ワークシート

2002/06/29

問題へ取り組むにあたって
（大学院生対象）

今回は調査へのご協力ありがとうございます。
次の注意事項をよく読んで，問題へ取り組んで下さい。

〈注意事項〉
1) 問題に取り組む際は，どのように考えているのか，**声に出しながら**解答して下さい。
2) 解答を始める際は，「はじめ」と言って，問題に取り組んで下さい。
3) 解答を間違えた場合ややり直しをする場合，**前の解答を黒く塗りつぶしたり，大きく×をしたりして，解答が分からないようにしない**で下さい。
4) 途中，こちらからの指示はありません。ただし，ワークシートが不足する場合などは，遠慮なくお申しつけ下さい。
5) 解決を終える際は，「終わり」と言って，ペンを置いて下さい。
6) 本冊子は次のような構成になっています。
　○アンケート…………Sheet 0 (1枚)
　○ワークシート………Sheet 1-1, 1-2 (各3枚)
　＊　上記3)の場合，新たなシートを使用して構いません。

所　属	
学籍番号	
氏　名	

筑波大学大学院教育学研究科
松嵜　昭雄

2002/06/29

アンケートのお願い

質問 1

あなたが専門に研究している分野・領域を教えて下さい。
（例）数学／解析学（複素関数論）

質問 2

数学は日常場面で役立つと思いますか。　（いずれかに○をつける）
役立つ　　　　役立たない

「役立つ」と答えた方へ
具体的にどのような場面で役立っていますか。

「役立たない」と答えた方へ
どうして役立たないと思いますか。

質問 3

学校数学は日常場面で役立つと思いますか。　（いずれかに○をつける）
役立つ　　　　役立たない

「役立つ」と答えた方へ
具体的にどのような場面で役立っていますか。

「役立たない」と答えた方へ
どうして役立たないと思いますか。

＊　次のシートから問題です。

Sheet 0

146 付録 数学的モデリング能力の実験調査に関する資料

問 題

机で読書をするために必要な明るさはどれくらいですか。

(1) 上の問題を解くにあたって必要なことは何ですか？

(2) (1)を考えるにあたって，どのようなことをイメージしましたか？

(3) (1)の必要なことの全部もしくは幾つかを使って問題をつくって下さい。

Sheet 1-1

2002/06/29

(4) (3)でつくった問題を，実際に解いてみて下さい。

Sheet 1-2

A.2　第2回目実験調査ワークシート

問題へ取り組むにあたって
(大学院生対象)

今回も調査にご協力いただき，有難うございます．
次の注意事項をよく読んで，問題へ取り組んで下さい．

〈注意事項〉
1) 問題に取り組む際は，どのように考えているのか，**声に出しながら**解答して下さい．
2) 解答を始める際は，「はじめ」と言って，問題に取り組んで下さい．
3) 解答を間違えた場合ややり直しをする場合，**前の解答を黒く塗りつぶしたり，大きく×をしたりして，解答が分からないようにしない**で下さい．
4) 途中，こちらからの指示はありません．ただし，ワークシートが不足する場合などは，遠慮なくお申し付け下さい．
5) 解決を終える際は，「終わり」と言って，ペンを置いて下さい．
6) アンケートは，すべての解決終了後，おこなってください．
7) 本冊子は次のような構成になっています．
　　〇データシート………Data Sheet (1枚)
　　〇ワークシート………Sheet 2-1, 2-2 (各3枚)
　　〇アンケート…………Sheet 3 (各1枚)

所　属	
学籍番号	
氏　名	

筑波大学大学院教育学研究科
松嵜　昭雄

2002/07/09

前回の調査問題

> ### 問　題
>
> 机で読書をするために必要な明るさはどれくらいですか？

○　教室（数学セミナー室）の広さ

縦……約 [4.9] m，横……約 [7.6] m，高さ……約 [3.1] m

○　蛍光灯の本数…… [6(本)×2] 本

○　机の高さ……約 [70] cm

○　あかりチェッカー（LC-1型）による測定

場所等	ルクス

資料　JIS照度基準（住宅）

Data Sheet

150 付録 数学的モデリング能力の実験調査に関する資料

2002/07/09

アンケートのお願い

質問 1

前回つくった問題と今回つくった問題の違いは何ですか？

質問 2

前回の問題「机で読書をするために必要な明るさはどれくらいですか？」と，自分のつくった問題との関連について教えてください。

前回つくった問題

今回つくった問題

質問 3

将来，このような問題が，数学科の学習内容として取り入れられるとしたらどう思いますか？

質問 4

その他，何でも構いません。ご意見などをお書き下さい。

＊ これで調査はすべて終わりです。ご協力有難うございました。

Sheet 3

付録 B 被験者 IH の実験調査データ

 B.1 第 1 回目実験調査における被験者 IH のプロトコル

時間	プロトコル	備考
00：00	はじめ。	(1a) 開始
03：36	明るさの単位…。	
03：45		右手を斜め上から下ろす。
04：08		右手を斜め上から下ろす。
04：41		(1b) 開始
08：35		本を読む格好をする。
08：40		右手を斜め上から下ろす。
08：43	ライトが来るから…。ライトが来る。	(1c) 開始
09：00	そうして。	左手を斜め上から下ろす。
14：39		(1d) 開始
18：36	えー。	
24：32	求めたいのは光源とこの距離。で，×××できる。	
25：00	光源の距離…。	
25：10	イメージがわかないなぁ。	
25：16		前頁に戻る。
25：18	問題，変えちゃおうかなぁ。	
25：23	他にないしなぁ。	
25：50		(1a) に付け足す。
26：55		(1d) に戻る。
32：33	×××。何かが×××してて…。	
33：03		前頁に戻る。
34：15		(1c) に付け足す。
34：34		(1d) に戻る。
41：55	マジで。どうやるんだろう。	
44：32	これ間違ってる。	

152　付録　数学的モデリング能力の実験調査に関する資料

時間		プロトコル
51：12		前頁に戻る。(1d) と見比べる。
52：04		(1d) に戻る。
52：46		前頁に戻る。(1c) に付け足す。
54：03		(1d) に戻る。
54：37		前頁に戻る。
55：05		(1d) に戻る。
55：57	おわりです。	
		(56：00 終了)

註：「×××」は聞き取ることができなかった部分である。

B.2　再生刺激法による被験者 IH へのインタビュー

時間	プロトコル
00：00	(インタビュア) あのー，前回プロトコルが，あんまり言葉がなかったので，こちらのワークシートをもとに幾つか質問をさせてもらいたいんですけど。まず簡単に，あのー，どういうふうに考えたか，(2a), (2b), (2c), (2d) とあるけど，振り返ってもらえます？簡単に。
00：20	(2a) からですか？
00：21	(インタビュア) うん，(2a) から。
00：23	(2a) は…。とりあえず，読書とか，明るさをどれくらいというの，単位。単位系のことをイメージして…。
00：37	(インタビュア) 単位系というのは計測するもの。
00：41	そうです。それとあとは，普通に使われてる MKS 単位系ですか。
00：52	(インタビュア) ごめん，教養がなくて分からない。
00：57	あのー，MKS 単位系。物理でよく使われる，メートル (m)，キログラム (kg)，セカンド (sec)。あれを上手く照らし合わせて×××れるかなぁっと。
01：15	で，あと，何が固定されていて，何が変数かなって。それを考えました。
01：21	(インタビュア) それで (2a) の幾つかの項目を挙げてもらったということですよね。
01：26	(インタビュア) で，あのー，2 行目に明るさを導く公式もしくは明るさを使った公式っていうのがあって…。あのー，2 枚目の (2d) のところで…。えーと，照明の明るさを A，光の速度を C，光源と本との距離を l として，照明はだんだん距離が大きくなると暗くなる，反比例の関係から，$Al = b$ ってなりますよね。これは，元々 IH くんが知っていた公式ですか？
01：54	いや，これは知っていたというより，勝手につくったもの。

01：58	(インタビュア) 勝手につくったもの。
01：59	勝手につくった公式です。
02：01	(インタビュア) 一応，でも，念頭に置いていたのは，項目として考えて，そういう距離とかを項目で考えているから，こういう公式を考えてみたという感じですかね。
02：13	(インタビュア) じゃあ，ちょっと戻ります。(2b) でイメージしたこと。ちょっと教えてもらえますか？
02：20	机で読書をするために，「机で」というのを最初よく読まないで，そのー，イメージしましたかというのをやったので，読書だけをイメージしたときに，このイメージ図のように机以外のことを考えてしまいました。
02：42	(インタビュア) あー，なるほどなるほど。読書というキーワードに注目して，頭の中ではイメージしたということですね。ただ，文章をよく読んでみると，「机で」と書いてあるから，こちらに描いてくれたような図をイメージしてくれたということですね。
02：56	(インタビュア) 次に，(2c) で問題をつくってもらいましたよね。で，確か，まぁ，後半の方で (2d) をやりながら (2c) をやって (2b) をやったりして戻ってやりましたよね。勿論，今回もそういうふうにやってもらって構わないんですけれども。ここ，どういう感じで問題をつくっていたか教えてもらえますか？
03：16	前の方の問題と上手く噛み合った感じにしなきゃいけないのかな，と思いまして…。×××感じで…。プロトコルの中でも分かる通り，途中で問題を変えなきゃならなくなったというのは，(2d) の…，(2d) の途中ぐらいで…。
03：41	(インタビュア) たぶんここ…，この×××ぐらいですよね。確かやっててね。こう戻って，途中書き足したんですよね。戻ってね。それは僕もビデオを見て，見てるんですけども…。それ付け足した内容って (2) の内容ですかね？「本との距離はどれくらいがよいか。」
03：56	これを…こういうふうに書いておいて。題意としては，明るさはどれくらい開いてるのに，距離を出すという考え方は何か変かなぁ。明るさを変数にして距離を固定させているにもかかわらず，その距離を出そうという考え方はやっぱおかしいなっていうので，この括弧の部分を…，たぶんなくしちゃおうかなぁというので，括弧にしちゃった。で，矢印の方向で，照明の明るさはどれくらいが良いかと…やってる。括弧の中を条件みたいにしてみて…しようと…。
04：40	(インタビュア) ということは，(2a) の問題に何か関連づけて問題をつくろうと思って，問題をつくってもらったんですよね，自分の中で。ただ，そうやってるときに，距離の変数というのですかね，それはあまりこう題にそぐわない，明るさを変数としてるから。でも明るさを変数として，これどうでした？やってみて，問題を実際に解いてみてくれて。

05：04	前提となる公式というのがあまりなかったんで，自分の中で。仕方ないので，勝手に $Al = b$ という関係…関係式をつくってしまい…。このときは，距離を変数として考えて…。そういった意味で，明るさはこれ位じゃないみたいな…。真ん中が本当に飛んじゃうような感じになっちゃったんでけど…。
05：41	（インタビュア）普通に考えてもよかったんじゃないか，ということを書いてくれてますよね。
05：48	（インタビュア）で，×××について，IH くんがつくってくれた $Al = b$ 反比例の公式…これに絵の下に「条件が多いとコレでよし」と，b 一定だと。書いてありますよね。ここですね。絵の下に「条件が多いとコレで…」。ここで考えている条件とは例えば，具体的にどんなことですかね。
06：10	光の速度が，空気抵抗とかそういったものをまったく無視するとか。そういう条件をボンボン多くしていけば，$Al = b$ という感じに，扮した式にはたぶんなるんじゃないか…，ということで，こっちで勝手にこういうふうに仮定してみました。
06：35	（インタビュア）この関係式は，あのー，あんまり真ん中を考えなくてもよかったんじゃないかということなんですけれども…。妥当な式だと思いますか？
06：43	この式ですか？
06：44	（インタビュア）$Al = b$ という式。
06：45	たぶん，妥当じゃない…。
06：48	（インタビュア）たぶん妥当じゃない。自分の今までの経験から，こう…こうくれば暗くなるからということで，公式をつくってくれたことですね。
06：57	（インタビュア）じゃあ，あのー，最後に質問したいんですけれども。この元々の問題自体がかなり漠然とした問題で，色んなことを知っておけばもしくは知れば，問題を解けることになると思うんですよね。で，具体的にどんなことが知りたいですか？ IH くんは…。条件として。
07：17	これですか？
07：18	（インタビュア）そうですね。「机で読書をするために必要な明るさはどれくらいですか。」という問題を解くにあたって。色々なことに触れてますよね，こんな感じで。どういうこと…どんな情報があれば，この問題にアプローチできるかなぁ，と思いますか？
07：32	単純に言ってしまえば，やっぱり明るさを用いたその関係式…，があるだけで…。×××と思いますし。
07：48	明るさの公式を知らなくても，明るさの単位計を与えてもらえれば…，単位計を照らしあわせて，ある程度の×××。そういったものですかね。
08：07	これまで…だから，この問題を解こうと思ったときに…。あのー，その分野を勉強する前の分野で，ある程度，知識というものが積まれてるわけじゃないですか。その知識が積まれない状態で，いきなり問題を解くというこ

付録 B　被験者 IH の実験調査データ　155

	とが，たぶん…。0 からの出発なわけで，その必要な条件というか，予備知識というものが全然含まれなかったという，たぶん必要なものとして，加えて頂ければ，問題が解けるようになると思います。
08：48	（インタビュア）はい，分かりました。有難うございます。じゃあ，とりあえずインタビューはここまでです。 （08：53 終了）

註：「×××」は聞き取ることができなかった部分である。

B.3　第 2 回目実験調査における被験者 IH のプロトコル

時間	プロトコル	備　考
00：00	「前頁のデータを参照して問題をつくります。問題をつくるにあたって，どのようなことをイメージしますか？」データを参照して問題をつくります。	(2a) 開始
00：30	データを参照して，問題をつくるということだから…。	
00：42	(2a) として…。	
00：58	「明るさと距離の関係とはどのようなものか。」	
01：28	データが既にあって，資料もあって，最適明るさというのが分かっているので…。	
01：41	光源と書物との距離を求める。	
02：09	光源…うん？光源と書物との距離を求める問題。	
02：41	前頁のデータを参照して問題をつくる…。どんなことをイメージしましたか…。明るさが…。	
02：59	光源との距離…どれだけ…ということを言えばいいから…。	
03：18	(2b)「問題をつくるにあたり，前頁のデータ以外に必要なことは何ですか？」	(2b) 開始
03：31	これ以外に何が必要なんだろう…。まぁ…。	
03：46	1 ルクスって…，1 ルクスが…。1 ルクスがどれくらいの量に置き換えられるか。つまり単位が変わる。	
04：26	1 ルクス ＝ 何か？	
04：35	hPa と mmb。hPa と mmb。	
04：57	Pa と…水銀が 1 気圧に対してどれくらい上がるかというのもありますよね。あとは…。	
05：30	まぁ，こんなものか。	
05：32	「前頁のデータ及び (2b) の必要なことの全部もしくは幾つかを使って問題をつくって下さい。」	(2c) 開始
05：54	光源と書物との距離。	

06：40	光源自体は 1000…。	
06：59	ちなみに，このデータは外光も含む。	
07：11	データ採ったときに，外光も入ってしまったので…。外光も光源とみなしてしまい…，上手く…都合よくしちゃいましょう。	
07：51	(2c) は…。	
07：55		(2d) 開始
08：46	最後の問題をやってみます。	(2e) 開始
08：56	まず表をつくります。	
09：03	光源からの距離を l として…，明るさを…。明るさ…明るい…。明かりって英語で何て言うのかな…。Phone…Phone？P としよう。明るさを P。	
09：49	で，P と l の表を作成。	
10：09	一番離れている地面の状態のとき 400。	
10：22	机の上の状態…230 のとき 500 弱。	
10：36	中間点…150 のとき 500 強。500 強。	
11：00	で，65 のとき…。	
11：22	ということなので，光源を 1000 ルクスとする。つまり，ずらす…ずらす。照明の上をカット。	両手で表現する。
11：54	全部に…65 を引くと。310 のとき 65 引くと 245。230 のとき 165。×××。150 のときが…85。1000 のときを 0。実際にグラフ化してみる。	
13：18	これを A, B, C, D で…。	
14：12	直線としてもいけそうだなぁ…。仮に比例関係だとして…。	
14：26	点 A，点 D…。	
19：14	実際これは，500 弱でないといけないから，比例関係ではない。比例関係ではない。	
19：35	ということが言えた。ということで，えーと…。	
19：57	反比例にしようかな…。	
20：44	えー。	
21：13	反比例と仮定すると。	
21：45	表…表1。	
23：18	反比例にこだわり過ぎたかなぁ。反比例にこだわらないと…。どうなんのかな？馬鹿じゃねぇの。exp とか出てくんの？それだけはマジ勘弁だよ。×××厄介だし。やっぱこの式かよ。	
24：25	概算だからなぁ。	
27：08		(2c) に付け足す。

		(27：37 終了)

註：「×××」は聞き取ることができなかった部分である。

付録 C　被験者 NT の実験調査データ

C.1　第 1 回目実験調査における被験者 NT のプロトコル

時間	プロトコル	備　考
00：00	それでは，はじめます。	(1a) 開始
00：08	机で読書をするために必要な明るさはどれくらいですか？	
00：14	上の問題を解くにあたって必要なことは何ですか。えーと…。	
00：22	まずは，机で読書をするために使うのはライトなので。ライトの…。	
00：30	ライトについて，まず，知らなければいけない，と思います。	
00：36	あとは…。ライトでもライトの…。何て言ったらいいのでしょうねぇ。	
00：46	ライトの明るさ。ライトの明るさとか…，ライトの種類とか…。	
00：58	電球でどういうのを使うのかとか。どれくらい明るい電球を使うかとか，そういうこと。	
01：08	あとは…，あとは…。	
01：16	そうだ，遠くちゃダメだから。ライトと机の距離も必要になってくるかな，と思います。	
01：28	机との距離も必要かな。	
01：37	これ以外には…，あとは，何だろう。あとは，何だろう。	
01：44	明るい大きさ…。明るくみせるというのだから…。	
01：51	そうですねぇ。	天井を見る。
01：56	あ，そうか。遮っててもいけないですね。遮っててもいけないから，それよりは…。	
02：05	それ言っていたら，遮っていたらライトないのと一緒だから…。	
02：11	ライトと…。	

02：17	ライトの照らす向きと…。何て言ったらいいかな…,照らす向きと机との角度。	
02：27	斜めになっていてもいけないし，横から照らしても意味ないし…。やっぱり真上から照らさないと…。	
02：35	あ，間違えた。角度ですね。距離ではなくて，角度。机とどれくらい傾いているか…。	
02：47	必要なものはこれくらいかなぁ。これ位ですかねぇ。うーんと…。	
02：57	(1b), (1a) を考えるにあたってどのようなことをイメージしましたか？	(1b) 開始
03：04	うーん。やっぱり最初は自分の…,自分の持っている机…,かな。	
03：10	自分の持っている机とか,研究室の机とか,やっぱり考えますよね。	
03：19	あとは,ここの上の…,部屋の…,部屋の蛍光灯とか。	
03：34	部屋の蛍光灯とかかな。あとは何だろう。うーん。	
03：47	机もそうだし。あとは,机だけじゃなくて,部屋の電球とか。部屋にある電球とか。	
04：04	電球とかですね。何だろうなぁ。	
04：20	自分の持っている机。机…。そうですね…,蛍光灯。あとは…。	
04：36	その位かなぁ。電球,蛍光灯,机。まぁ,自分の持っている机とデスクライトとか。デスクライト。	
04：52	ま,部屋の蛍光灯とか。部屋の蛍光灯とか電球とか。	
04：58	自分の身の周りにあるものしか,自分の見たことのあるものしかイメージするものはないのかなぁ。これ位かなぁ,と思いますねぇ。	
05：10	(1a) の全部もしくは幾つかを使って問題をつくってください。問題ですか…。	(1c) 開始
05：23	必要なことの全部もしくは幾つかを使って問題をつくって下さい。	
05：33	どういうふうに問題をつくればいいのかなぁ。	
05：40	「机で読書をするために必要な明るさはどれくらいですか」という問題はあるわけで…。	
06：02	これは…。これは問題があるだけに,問題をつくるのが難しい気がしてるんですが…。	
06：12	必要なことの全部もしくは幾つかを使って…。	
06：28	ライトの数とか,ライトの種類とか。ライトと机との距離とか。ライトが照らす机の角度とか。そんな感じ	

	ですよね。	
06：40	必要なことの幾つか…。	
06：48	そうか，読書をするために必要なことの明るさ…。いろんな例がありますよね。	
06：56	だから，暗くしていくと読めなくなるとか，明るくしていくと読めるようになるとか。	
07：05	そうか，ライトを傾けていって読めなくなるとか。うーんと。	
07：30	ルクスとか使ってつくるんですかねぇ。例えば…。	
07：39	ライトと机との距離を考えると…。	
08：30	1つは，ライトの明るさを変える。やっぱり，明るさと距離間が大事だと思うんで。例えば…。うーん。	
08：49	あるライトがあって，まぁ，電球…，電球があって，その下に机があると本が読める。	
09：00	暗くして…読めない。どれくらい近づいたら読めるかとか。	
09：07	あとは，明るくしたら，どれくらい遠くまで読めるかとか。そういう問題がいいんですかねぇ。	
09：15	なかなか，しっくりこないんですが。	
09：25	そうすると，あるライトがあって。あるライトAの直下に電球，机がある。Aと机との距離が…。	
10：08	1m…。そうですね。ある…だから，距離が1mだと本が読める。それより離れていると本が読めるかもしれないので…。	
10：20	1m以下なら本が読める。読書ができる。	
10：36	いま，ライトAの半分の明るさをもつライトBを用意すると…。	
11：02	Bと机との距離が何m以下なら…。からじゃなくて，何m以下なら本を読めるか。	
11：30	ライトAの直下に机があって，Aと机との距離が縮めれば，より近ければいいんだから。Bと机との距離が何m以下ならば本を読めるでしょうか。」という問題にしました。	
11：49	次，いきたいと思います。	
11：54	(1d)．(1c)でつくった問題を実際に解いてみてください。	(1d) 開始
12：05	そうですねぇ。これは基本的に照度とか使うと思うんですけど。	
12：22	ライトA。だから，明るさを半分にすると，結局その…，	

	ライトの明るさというのは周りの面積比に対して効く
	ので…。2乗に反比例するはずなので。面積に応じて
	効くもの。他のものもそうですけど。
12：51	ライトから飛び出すもの。ライトから光が飛び出す…,
	あらゆる方向へ飛び出すわけだから。明るさ半分になっ
	ちゃうと, 出るものも半分になって…。それが面積に
	対して効いてくるから…。半分になるのかな…, $\dfrac{1}{4}$ に
	なるのかな…。
13：33	難しいなぁ。
13：44	でも, $\dfrac{1}{4}$ のような気もするし, $\dfrac{1}{2}$ のような気もします。
13：52	ライト A…。どうしましょうかねぇ。
14：10	ライト A の明るさを何とか…。ライト A の明るさを
	I_A とおきます。
14：25	1 m 離れた所…, 1 m 離れた所では…。まぁ, 明るさ
	が分配されるわけですね。
14：45	まぁ, ライト A があって, その周りに光が分散される。
14：56	その表面積は $4\pi r^2$。あ, 違った。失礼…。横だから,
	机を下に書かないといけない。
15：12	机が下にあって…。ま, A から机までが $4\pi r^2$ ですね。
15：21	明るさはたぶん単位面積あたりですね。きっと, 同じ
	距離にあれば均等にひかりますから。単位面積あたり
	じゃないかなぁ。
15：39	① というものになるんじゃないかな。
15：54	それに対して…, ライト B の明るさを I_B とおきます。
16：07	そうすると…。
16：10	あ, そうか。I_A とおいたところで, 単位面積あたりの
	明るさを考えればよいので。単位面積あたりの明るさ
	を考えればたいところですが…, よいはずだから。
16：36	I_B…ライト B の話でいくと, I_B というのは明るさ半
	分なんですから, $\dfrac{I_A}{2}$ とおける。半分ですからね。
16：47	だから, ライト B と, ライト B から机までの距離を
	何かでおいてやって, それが $\dfrac{I_A}{4\pi}$。先程のライト A を
	1 m 離れた所の明るさと比べてあげればいいと思いま
	す。
17：09	ライト B から机までの距離を r とおく。距離 r につ
	いての…, r…, 距離 r 離れたところでの単位面積あた

	りの明るさですね。ところでの単位面積あたりの明るさは…。
17：53	I_B を表面積ですね…r 離れたところ…$4\pi r^2$ で割ってあげればいいので…。$\dfrac{I_A}{8\pi r^2}$。
18：15	これが，これが $\dfrac{I_A}{4\pi}$。つまり，さっきのライト A で 1 m 離れたところでの明るさと一致すれば，その明るさが本が読めるか読めないかのギリギリのところ。
18：33	これが $\dfrac{I_A}{4\pi}$ と等しくなるとき，本が読めるか否かの境目…，境界だから…，境界なので。
18：58	$\dfrac{I_A}{4\pi} = \dfrac{I_A}{8\pi r^2}$。
19：05	どうですかね。$\dfrac{1}{r^2}$ は，これで約分して，2…2 ですね。
19：23	r は $\dfrac{1}{\sqrt{2}}$…になるんですねぇ。
19：31	明るさ半分と考えると…。
19：36	果たして明るさ計算自体がそれでいいのかは疑問ですが…。どう考えるんですかねぇ。今イチ×××。
19：55	よく考えると，そういうわけでもないですかねぇ…。そういうわけでもないか…。どうですかねぇ…。
20：10	明るさが半分になると…。同じところに届く光の数は半分になる。
20：24	同じ数だというのは $\dfrac{1}{2}$ になる…。そうかもしれませんね，確かに。今イチ自信がないんですけど…。
20：42	あ，距離が倍になると…，距離が倍になると，$\dfrac{1}{4}$ になっちゃうんですね。あ，そうか。距離が倍になると明るさが $\dfrac{1}{4}$ になっちゃうんですね。
20：52	元の倍とか…，元の倍とか，あるいは半分とかだったら，距離が $\sqrt{}$ でいいんですね。これでいいかなぁと。
21：09	ちょっと 1 回，こういう話を物理で聞いたことがあると思うんですけど…。つい最近，やったこともあるような気もするんだけど…覚えてないですね。1 回計算したこともあるんですけども…。
21：38	そのときは…，手術台…手術台があって，ライトがあ

162　付録　数学的モデリング能力の実験調査に関する資料

	るんですね。ライトから手術台までの距離が 1 m のときに 1000 ルクスだとします。それが 2 m 下。つまり，手術台のライトがあって手術台があって，そしてその更に 1 m 下までいった場合，ちょうど床ですね。床の照度はだいぶ減ってしまう，という話を聞いたことがあります。
22：07	それで…それが確か，手術台が 1000 ルクスだと，距離が倍離れてしまうと 200 ルクスまで減ってしまう。$\frac{1}{4}$ に減ってしまう，という話が出てました。だから距離が半分であれば明るさ 4 倍になっちゃうんですね。
22：20	あ，ちょっと，自分の勘違いかもしれませんけど…。実際，計算してみると，$\frac{1}{4}$ くらいですから…。よく考えてみたらそうですね。0.7…。だいたい 1.414 分の 1 ですから，0.7 倍くらいですね。0.7 倍くらいだと…。距離半分にすると 4 倍になるんだから，ま，0.7 倍くらい…。そうですね…，おそらく…。明るさのおき方がちょっと自信がないんですが…。たぶん，このおき方でそれなりに…。本当は角度とかも付けられるといいと思うんですけど…。
23：13	そうですね…。これでいいんじゃないかな，と思います。
23：24	はい，これで終わりです。
	(23：28 終了)

註：「×××」は聞き取ることができなかった部分である。

C.2　再生刺激法による被験者 NT へのインタビュー

時間	プロトコル
00：00	(インタビュア) で，まず，前回の NT さんがやって頂いた資料…こちらですね。簡単に全体振り返ってもらえますか？
00：12	振り返ると言うと？
00：13	(インタビュア)(1a) からどんなことをやったかというのを…。
00：16	まず (1a) で，「机で読書をするために必要な明るさはどれくらいですか？」と問題を解くにあたって必要なことというので，まぁ，机で本を読むということをまず思い浮かべて，どんなものがあるかなぁということから，ライトの明るさ，種類とか距離とか角度とか，というものを出してきましたね。

00：39	で，まぁ，イメージが先にたってるので。思い浮かべた場面をまた思い出して書いたという感じですよね。
00：47	(インタビュア) そこで，面白かったのが，自分の机だとか，研究室もしくはこの部屋ということでしたよね。
00：53	そうですね。
00：54	(インタビュア) ま，一応，3つイメージしながら (1a) を…(1a) もやってもらったという感じですよね。はい。その次，(1c) もちょっと振り返ってもらいたいのですが。
01：03	(1c) ですね。えーっと。そうですね。まぁ，自分でこのライトの明るさと種類とか，距離というのも書きましたので，えー，まぁ距離が遠くなると読書がしにくくなるので，暗くなりますから，それを問題にしたいなぁ，というふうに思いました。
01：24	遠くなると明るさが下がるというのを問題にするにはどうしたらいいかなぁということで，こういった机があって，最初の読書の状態を想定して，ライトを変えたら暗くなる…暗いライトを使ったら，どのくらいの距離になりますか？という問題をつくってみました。
01：48	(インタビュア) はい，ということで，まぁ解決していったことだと思うんですけど，簡単に幾つか質問をしたいと思います。
01：54	(インタビュア) で，まず，その一応キーポイントになるのが必要なことで，ライトということに注目してもらったと思うんですけれども。ここでライトの明るさとか種類ということを挙げてもらってるんですけれども，具体的に種類とはどんな感じのものをイメージしました？
02：09	えーと，ライトの…，その…縄とかそういう電球の形であるとか，あとは自分の持ってる机は蛍光灯で…，研究室の机は，いわゆる丸形の電球。それもあったんで，それの種類。
02：31	(インタビュア) なるほど。その次のイメージに即して，いろんなライトを想定してもらったって感じですかね。はい，分かりました。
02：40	(インタビュア)，(1c) で問題をつくるっていうので…，あのー，こちらの資料よろしいですか？
02：46	(インタビュア)05：40 のところに，「机で読書をするために必要な明るさはどれくらいですか？」元の問題があるわけですけれども，これがあるから，ちょっとつくりにくいというような表情を NT さん浮かべてたんですよね。で，ここの部分もうちょっと詳しく…，そのときのイメージというか感想でもいいんですけれども，教えてもらいたいなと思うんですけれども。
03：07	最初，問題を解くにあたって，必要なことを出してきて，どんなことをイメージしてというのがあったんで…。そこから，問題をつくるというのは，もう 1 回同じ問題をつくるということなのか，それともまたこの問題から思い浮かんだことでまた別の問題をつくるということなのかなぁ，ちょっ

	とそれを考え…あったんですね。問題をつくるというのは，こういう問題ではなくて，何か別の…質的に別の問題をつくるのか，類題をつくるのか，どっちかなって。それでちょっとここは…。
03：44	(インタビュア) 実際につくった問題というのは，こっちの元の問題とどういう関連にありますかね？
03：51	えーと，そうですね。「必要な明るさはどれくらいですか？」というのが，まぁ，最初の問題であったので，まぁやっぱ，明るさというのを出すような問題。明るさが絡むような問題…それをつくろうかなぁという…それはやっぱり働きましたね。
04：11	(インタビュア) やっぱり，元あった問題から…その明るさというのを何とか残して，えー，問題をつくってあげようじゃないかと。
04：17	そうですね。実際には机で読書をするというのと明るさというのを，頂いた形で問題をつくったことになるんですが…。まぁ，あのー，距離というのは，いわゆる読書をするときにライトと机がどのくらい離れているかというのも，まぁ，1つのファクターなので，やっぱり何かそういうことを絡めて問題をつくれたらなぁ，というふうに…距離というのを…そんな問題をつくりました。
04：45	(インタビュア) それで，まぁ1つ条件というか，あのー，10：08のところにですね。えー，1 m…「距離1 mだと本が読める」というような条件を設定したと思うんですけれども，これは何か意図があってというか，自分で1 mというのを知っていたのか，もしくは何で1 mと出てきたのかなぁ，って教えてもらいたいんですけれども。
05：07	えーと，1つは…，えー，まぁ昔，明るさについての問題をやったことがあって，そのときに最初の設定が1 mというのがあったんですね。あとは，あのー，何でしょうねぇ。
05：25	実際…実際の距離にもそんなに遠くないというのがあって。で，問題つくるときに，えー，何ですかね。どちらかといえば，計算自体を難しくしても，何かなぁと思いまして。1 mというのは，まぁ，キリのいい量で，まぁ物理的にも…何ですかね…基準となるところなので，だいたい1 mというのがあって…。
06：00	(インタビュア) 以前にやった問題に，こう…ちょっと思い浮かべながら。
06：04	あとは実際の場面を思い浮かべながら。1 mってそんなに…例えば1 kmとかは…。1 mとかだったら，まだ現実的かなぁって思って。だいたいキリのいい量で。使ってみようかなって。
06：18	(インタビュア) そうですか。分かりました。じゃ，そうやって実際に，次，問題を解いていってもらってるんですけれども。ここちょっと聞き取りにくかったところというか，ちょっと，ここ聞き間違いかもしれないので，ちょっと教えてもらいたいんですけれども。えーと，12：05のところでですね。えー，「照度とか使うと思うんですけれども」という発言があっ

	て，その2行目です。ライトの明るさというのは，これ光熱費じゃないと思うんですけど，何て言ったんですかね。
06：46	光熱費じゃなくて…。光熱費じゃないと思うんですけれども。
06：54	（インタビュア）その…2乗に反比例するという話を出してもらって頂いているんですよね。
06：58	えっと。
07：06	表面積…表面積。そういう言葉だったかもしれないですね。
07：10	（インタビュア）そうですね。僕がちょっと聞き取れなかったんで…。何かそんなニュアンスを…。はい。じゃ表面積。
07：16	距離の2乗に対して効くというが頭にあったので。
07：19	（インタビュア）で，その距離の2乗に反比例するですか？っていうのは，どうして，そういう発想というのかが出てきたのか，教えてもらいたいんですけれども。
07：28	えーと，今の×××のイメージとしては，1点から飛び出して行くようなものっていうのは，まぁ3次元的に出ているんですね。ですから，その全体として出ている量は変わらないので，それを受け止める面積が広くなると，まぁ，えー，光の場合には暗くなるし，例えば，電気の力とか磁気の力とかの場合だと弱くなる現象として現れる。だから，全体として出ている量は変わらないけれども，それを受け止める面積が違うから暗くなるのかなぁと。
08：05	（インタビュア）距離が遠くなれば暗くなる。だけど，面積が関係しているから，2乗になる。
08：11	それを…その単位面積あたり，っていう思考回路があって。
08：14	（インタビュア）ということは，単位面積あたりというのが，この，えー，ワークシートの方ですね。まぁ1点…照明から，何て言うんでしょ。1点照明から半径rの距離上の$4\pi r^2$の表面積。それの部分があって…1点分だからこそ$\dfrac{1}{4\pi r^2}$と。単位面積あたりということで。
08：33	まぁ，球の中心から，あのー，まぁ，広がっていくイメージがありまして。
08：40	（インタビュア）ということでいいんですね。えー，あとですねぇ。問題を解いて頂いたところで，これは僕も後で見ていて分かりやすかったので。こっちの方では特にないんですけれども。最後の方に，あのー，前回，終わった後でお話してもらったんですけれども。あのー，距離の2乗に反比例するというのを，手術台の話でたとえて頂いているんですけれども。その部分をもう1回簡単におさらいでお話して頂けますか？
09：14	えっと，これは，まぁ，かつて，そうですね。あのー，非常勤講師の授業のときに，1つの例題として載ってたものなんですけれども。
09：26	手術台…ライトがあって，そこから1m離れた手術台…照度が1000ルクスあったとします。で，そうすると，そこより下ですね。2m下，ライト

	から2m下…手術台から1m下ですね。そこの照度は幾らになるかというと，250ルクスになる。$\frac{1}{4}$に減ってしまうと。だから，離れれば離れるほど，倍離れるわけですけれども。かなり照度が弱くなってしまうんだ，という文脈の話だったんですよね。
10：01	そのときに，あのー，距離…距離じゃなくて2乗に比例している…まぁ，反比例している。かなり弱くなるんだなぁ，というのを実感したというのがありまして。この話が…そうですね，まぁ，記憶に残っていた話ですね。
10：24	(インタビュア) 今回，その記憶も手がかりにして，自分の考えているのが妥当じゃないか，という結論出して頂いたわけですよね。
10：31	(インタビュア) あと，2つくらいなんですけれども。あのー先程，問題を考えるときに，明るさというのをキーワードにつくってもらったと思うんですけども。この問題自体を解いてみた結果ですよね。今言ったように，手術台の話とかで距離の2乗に反比例するというのが結論で，妥当ではないかと話をして頂いたんですけれども。この結果を得たときに，元の問題との関連というのはどんな感じに思いましたか？
10：56	元の問題との関連ですか。えーと，そうですね。「必要な明るさはどれくらいか？」というのを出す問題。まぁ，そういう問題の場合は，まぁ，まともにこの問題を読んでしまうと，例えばデータをとって，誰々は読書ができた，誰々は読書はできない，というような問題なのかなとも思ったんですけど…。
11：24	まぁ，きっと，そうですね。ある程度の…その…基準となる数字があると思うんですが，それを何て言うんですかね。近づけばまぁ明るいし，遠ければ暗いし，その何か，距離と暗さの関係というのをどう結びつけて考えようかなぁ。つまり，その…，明るさを出す状況と似て，ライトのある位置…ライトの明るさ自体ももちろん問題だと思うんですけれども。その…照らされる方の明るさと考えれば，それを考えるときに，ライトと机がどのくらい離れているかっていうのは，結構重要なファクターだと思うんですよね。
12：07	(インタビュア) この問題だけだと全然分からないですよね，確かに。そうですね。
12：11	問題をつくるというと，そうですね。1つは何らかの計算を経て，出るような問題をつくりたいなぁと思って。まぁ，その現れとして，距離を選んだ形になったんですけれども。実際には，この問題自体に関しては，まぁ例えば，何人かにやって…実際に実験して…座ってもらって「読書が出来ましたか？」と聞いて，×××というのも一考なのかなぁと。
12：41	(インタビュア) あー，なるほど。貴重な意見ですね。有難うございます。じゃあ，最後に質問ですけれども。もし今ですね，色んな人に実験してもらってとか言ってもらったんですけれども。この問題を解くにあたって，

	まぁこういうふうに項目を幾つか挙げて頂いていますけれども，どんなことが分かれば解けると思いますか？
12：59	えーと。そうですね。
13：03	(インタビュア) 問題文にこういうものが載っていれば，とかいう感じでいいと思うんですけれども。
13：20	何かその…机で読書ができる場合というのが書いてあると，まぁ問題が解けるかなぁ，という気がしました。
13：33	あとは，ある場合には読めたけれども，ある場合には読めなかった，ではどれくらいですか？というような前提となる状況。具体的に読めない状況，読める状況というのが，まぁ明記されていれば，問題解決にはもっと容易になるのかなぁと思いますし。
13：56	あとは，基準になる数値があるだとか，あとは今までの統計的な数値が…，といったどれくらいかを判断できるような数の表なりグラフなり…。
14：11	(インタビュア) 指標みたいなものですよね。
14：13	そういったものがあれば，そこから読み取ることができると思います。
14：21	有難うございました。じゃあ，インタビューは一応ここまでです。
	(14：26 終了)

註：「×××」は聞き取ることができなかった部分である。

C.3　第2回目実験調査における被験者 NT のプロトコル

時間	プロトコル	備　考
00：00	それでは，始めます。「前頁のデータを参照して問題をつくります。問題をつくるにあたって，どのようなことをイメージしますか？」	(2a) 開始
00：14	えーと，そうですね。まずは問題をつくるにあたっては，まぁ，この今の場合は数学セミナー室を使って測りました。で，今…測ったところによれば，場所によって，そして，まぁ，蛍光灯のついている量が，それによってだいぶ変化が起きるんだなぁということが，まぁ。えー，もちろん変化があるだろうなぁ，と思っていましたけれども，実際やってみるとですね，数値として現れるのが分かりました。	
00：54	で，JIS の照度基準で比べますと，それぞれ色んな場合において，居間とか勉強室，応接室，食堂・台所それぞれで，まぁ，基準となる照度というのがちょっとずつ違うというのがあります。ですから，やっぱり場	

	所というファクターは非常に大事なのかなぁと思います。	
01：25	で，あとは，明かりの…今やったときにですね。特に$\frac{1}{3}$だけ光を落としたときに，光の位置というのも非常に大事かなぁと。	
01：42	あとは，光の明るさを出す…明るさとかそういったものを…，えー。それがどれくらいかというのを示すのが照度基準ですので。まぁ，明るさをどれくらいにすればいいのかなぁというのも。	
02：13	ですから，まぁ，この場合だとやっぱりどうしても，場所…そして光のある場所。光のある場所…位置関係。	
02：27	位置関係とか状況をきちんと思い浮かべないといけないのかなぁと。だから，どのようなことをイメージしますか。	
02：44	まぁ，やっぱり机で読書をするというファクターはありますし…。えー。そうですね。	
03：01	どうしても，明るさ足りないなとか，眩しいなと思う瞬間をどうしても思い浮かべますね。例えば，暗くて見えない。あのー，先程もちょっと調査のときも，部屋の$\frac{1}{3}$にしてOHPを見せるときにですね。そのときに結構，あのー，部屋が暗くなっているときに，非常に見にくいですね。暗いという状況。	
03：40	ま，そんなことをイメージしました。で，実際にまぁ，授業を受けているとき。そういうこともイメージしますね。	
03：59	机で勉強しているときも勿論ですね。机で勉強しているとき。ま，こういったところですかね。	
04：12	で，(2b)「問題をつくるにあたり，前頁のデータ以外に必要なことは何ですか？」えーと，とりあえずはですね。とりあえずは，場所と状況というのをちょっと気にしたので，取りあえずは大丈夫かなと思いますが。	(2b) 開始
04：47	まぁあとは，あるとすれば…。そうですね。必要なこと…。	
05：13	高さ…。あとは，場所，位置関係…。ここでは挙げています。あとは基準というのも出ていますね。とりあえずは…，無いかなぁ…。	
06：28	基本的にはまぁ，高さとか…高さとか距離とかですね…，	

	蛍光灯の本数が分かっていれば，どうにかなるのではないかと思いますので…。とりあえずは，必要なことは特に無いかなぁと思います。	
06：59	で「前頁のデータ及び (2b) の必要なことの全部もしくは幾つかを使って問題をつくって下さい。」えーと…。そうですね。	(2c) 開始
07：24	まぁ，やはりせっかく思いついたので，OHP を…。このセミナー室で…OHP を見せる。えーと。	
07：48	部屋の後方 $\frac{1}{3}$…あ，失礼，後方ではライトがついており…。	
08：23	えー，「ついている」ですね。あ，そうですね，ライトがついているので，ライトの距離を書かないといけないですが，ライトが4つあるので，それぞれ×××。2つ一体になっていると考えるのはまずはいいと思うのですが…。でも，両側は離れ過ぎているので，ちょっと測ってみます。2 m 30(cm) ぐらいですよね。	ライト間の距離を計測する。
09：00	ですから，2つの…2組ですね。えー，2組の蛍光灯の間隔。2.3 m というのを加えておきます。	(2b) に追加する。
09：25	部屋の後方でライトがついている。今…，あ，そうですね。この…，あ，そうか。いいですね。ライトから 4.8 m…ちょっと図をつけます。図を参照して下さいという形で。	
09：55	高さ 70 cm の机で…読書をしようと…，OHP を見せてるのだから，読書ではなくて資料を見ようと…。すると，暗くて読みにくかった。	
10：47	セミナー室で OHP を見せる。部屋の後方では，えー，まぁ，図をつけるので，A, B 点に2本ずつの蛍光灯があるとします。今，蛍光灯から，4.8 m の位置で高さ 70 cm の机で資料を見ようとしたところ，暗くて読みにくかった。えー，蛍光灯を A, B 点に何本ずつにすれば，資料が読めるか。	
12：01	セミナー室の高さ…3.1 m でした。高さ 3.1 m のセミナー室ですね。	
12：15	図をつけます。えーと，まぁ単純化して考えて…。A 点と B 点があります。で，ここから，4.8 m 後ろに，机ですね。机があります。で，これでいいと思いますね。	
12：52	で，「どのようなことをイメージしたか？」というので，	(2d) 開始

13：22	えー。ま，自分の発表会とかでですね，OHP のある側で資料がうまく読めないという状況がありました。資料が…OHP がある側では資料が読みにくい。周りが暗いからですけれども。まぁ，こういった，1 つは自分の経験ですね。	
13：43	まぁ，先程の測定でですね。えー，まぁ，(2c) で…(2c)でつくった状況の…2 つライトがついてて，2 組の蛍光灯がついてて，そこから 4.8 m 離れたところ…そこでの照度が劇的に低かったと。40 ルクスしかない。他のところはだいたい 300〜400 ぐらい出たんですけれども。さすがに上が暗くて明かりが少ないと，かなり照度が減るのだなぁということが，ちょっとそこにもまぁ触発されるものが…触発されるものがあったと思います。こういったところですかね。で，実際に解いてみるというのが次ですね。	
14：41	あ，そうですね。高さ 70 cm の机で資料を見ようとしたところ，暗くて読みにくかった。このときの照度は 40 ルクスだった。蛍光灯を…そうですね。	
15：21	えーと，そうですね。ここは勉強室なので，照度基準がありますから。	(2e) 開始
15：44	照度基準から，えー，読書をするのに必要な明るさは…読書に必要な明るさは 500 ルクス。	
16：06	で，実際に問題…。そのときの，実際のまぁ…。そうすると，実際の先程の状況を思い浮かべると，A 点 B 点が 2.3 m で…4.8 m で…あります。	
16：34	A, B の蛍光灯は同じものが 2 本ずつあって，えーと，まぁ，測定点を O とする。	
17：03	O とすれば，まぁ，OA ＝ OB より，A から…あ，失礼。A による照度と B による照度は等しいと考えます。	
17：32	距離一緒だと，まぁ，明るさ一緒かなというのがありまして。そうすると，A と…A による照度と B による照度が等しいので，ですから，まぁ，A による照度…照度は 20 ルクス。えー，B による照度は 20 ルクス。計 40 ルクスであることが，まぁ，予想できます。	
18：04	で，まぁ，蛍光灯 2 本で 20 ルクス…の照度を生み出していますから，1 本あたり 10 ルクスの照度を生んでいると考えられる。生んでいる。	

18：37	よって，まぁ，えー，O点で…実際必要な明るさは500ルクスなので，500ルクスを確保するためには，A，Bによる照度が，それぞれ半分，そうですね。250ルクス…250ルクスであればよいので，蛍光灯は…蛍光灯の数は250を10ルクスで割って，25本ということになります。
19：34	25本ずつですね。それが正解になる。つまり，えー，4.8m離れたところでの×××それだけのことがいると思います。
19：55	実際の問題は，「必要な明るさはどれくらいですか？」と聞かれているのを，照度基準を使うのも何かどうかなぁという気もするんですが。
20：04	実際，ここで測ったデータ400ルクス～500ルクスまであったんですけれども，基本的には全部資料が読めました。だから，えー，まぁ，最低限でいくと…このデータからいくと200ルクス。
20：26	部屋の隅では200ルクスあったんですけれども，それでも資料読めましたので，最低限200ルクス位あれば読書ができるのかなぁ，という気もします。
20：35	40ルクスでも読めないこともないのですが，さすがに辛かったので。えー，私が受けたイメージからいけば，200ルクス…。もしくは，もうちょっと低くても本が読める…この資料が読めたなぁ，というふうに思います。
20：51	ですから実際，えー，OHPを提示している状態で，資料を見るときには。25本というのはあまりに…今2本しかない状態で，25本というのはあまりに非現実的ですけれども。
21：05	200ルクスだったら10本で済むんですよね。だから，まぁ，あと7～8本増やせば，まぁ，十分に資料を読めるのかなぁ，という気がします。
21：17	ただそうすると，OHPが見えなくなるかもしれないんですね。それはちょっと，実際考えると，現実的ではないかもしれませんけれども。
21：31	ちょっと…，とりあえずみたいな感じもしますけれども。
21：39	実際…。逆に，暗いよりもいいんじゃないかなぁ，という気もいたしました。

21：48	ですから，えー，例えば，この資料で…直下で 500 ル クスということは…，同じ蛍光灯でも，離れたところ だと…10 ルクス位になっちゃいますけれども，近いと ころだと，まぁ，1 本あたりの最低…どう少なく見積 もっても，400 ルクスで蛍光灯 12 本しかない。30 ル クス〜40 ルクス位あるわけで，距離とか角度とかいう のも大きい要因にもなるのかなぁ，というのは改めて 思いました。	
22：27	では，終わります。有難うございました。	
		(22：30 終了)

註：「×××」は聞き取ることができなかった部分である。

あとがき

　モデリング研究の多くは，各々が参照するモデリングの図式にもとづいて議論が展開されます。例えば，本研究でも参照しているモデリング・サイクルでは，数学の世界と数学の世界の残り (rest of the world) を規定しています。モデリング研究における数学の世界と現実の世界等の世界規定は重要な視点です。本研究で残された課題の１つは，モデリング研究の根幹となるモデルを構成する数学の射程についてです。モデリング研究において，管見の限り，根幹となる数学の臨界についての議論は十分なされていません。この課題に対して，独立行政法人日本学術振興会の 2018–2021 年度科学研究費助成事業 (科学研究費補助金) 若手研究 (課題番号 18K13147)「数学者によるモデリングの漸次的進行を支える原場面の機能に関する実証的研究」が採択され，研究に着手しています。

　上述のように未だ課題は残っているとはいえ，学位 (博士) 申請論文を執筆し，本書の刊行に至るまで，大変多くの方々の支えがありました。

　母校である東京理科大学大学院科学教育研究科科学教育専攻博士後期課程に入学し，博士 (学術) 取得にたどりつくことができたのは，何よりも清水克彦先生のお陰です。清水先生には，学位取得に向けた進学に対して親身に相談に乗って頂き，また，ゼミでは的確なアドバイスとともに懇切丁寧に御指導頂きました。感謝申し上げます。また，小川正賢先生，長野東先生，澤田利夫先生，伊藤稔先生，池田文男先生をはじめ，東京理科大学関係の諸先生方にも感謝致します。

　これまで取り組んできた研究の歩みを振り返ると，1993 (平成 5) 年 4 月に東京理科大学理学部第一部数学科に入学し，4 年次の卒業研究で数学教育の門を

叩いて以来，私自身の研究人生が始まりました。当時，東京理科大学には科学教育研究科がなく，わが国の数学教育学研究の総本山とも言える筑波大学大学院へ進学しました。そこで，礒田正美先生に出逢い，研究に取り組む姿勢や心構えとともに，研究者への道標を御教示頂きました。私の研究者としての足跡は，礒田先生の背中を追いかけているといっても過言ではありません。

　モデリング研究に取り組んでいく中で，多くの先生方と出逢いました。その中でも，横浜国立大学の池田敏和先生と鳴門教育大学大学院の佐伯昭彦先生からは，モデリング研究に纏わる「い・ろ・は」を学ぶことができました。長く険しい修練の道はまだまだ続きますが，わが国のモデリング研究を諸外国に発信していくことを通じて，先生方に恩返ししていきたいと考えております。

　私は，研究室学生に対して，「20年先の数学教育を展望した研究」に取り組むように伝えています。学生時代に大学で触れた数学教育研究を糧として，児童・生徒に対して算数・数学を指導するのは，私ではなく紛れもない彼らなのです。その彼らが，20年後には40代となり，教育現場の中核を担う人材となります。学校，教育機関等において中心的な存在になることは去ることながら，彼ら自身の力で自身の理想とする数学教育を追い求める姿こそ，真の数学教育研究であると確信しています。そのためにも，私自身が最先端の数学教育学研究の一翼を担うことができるよう日々精進し，わが国の数学教育研究の展開の一助となれば幸甚です。

　最後になりますが，父と母には，現在まで，色々と心配ばかりかけてきました。大学卒業後の進路として大学院進学を選択した20年前より，私のことを信頼して，私自身の信じる道を猪突猛進していく姿を温かく見守ってもらっていてくれることに感謝しています。そして，今尚，精神的な支えとなっています。本来であれば，私自身が支えていく立場にならないといけないところですが，これからも心配をかけ面倒をかけることは多いと思います。これからも自分の信じる道を勇往邁進していきます。

2018 (平成 30) 年 9 月　松嵜昭雄

索　引

あ行

応用 19
応用反応分析マップ (Applied Response Analysis Mapping) 6

か行

帰結 40
記述的枠組み 29
規範的枠組み 15
逆向きの過程進行 19

現実世界に関係する原場面 GRC 7, 24, 40, 83
現実世界の問題 20
現実的経験に関係するコンポーネント (components based on real experiences) 29
現実場面の解釈 19
現実モデルの解釈 19
現象学 7
現象学的還元 44
原場面 6, 24
原場面の機能 7
原場面の作用 6
原場面の反省機能 46
原場面の役割 7
原場面の読み 41

項目 (Cues) 40

さ行

最終的結果 (Final Result) 40
再生刺激法 (Stimulated recall procedures) 52
作用 46

志向性 7, 43
実験調査 51

数学以外の変数 RC 40, 83
数学化 19
数学的記号表現された変数が示されている場合 21
数学的経験に関係するコンポーネント (components based on mathematical
    experiences) 29
数学的コンポーネント (mathematical components) 29
数学的作業 19
数学的変数 40
数学的モデリング 1
数学的モデリング能力 6, **15**
数学的モデリングの評価 2
数学的モデリング問題 20
数学に関係する原場面 GMC 7, 39, 40, 83
数学に関係する原場面の役割 39
数学の問題 20
数学的変数 MC 83

漸次的進行 6

総合的な働き 46

た行
対象 46

地平機能 45

停止 40

な行
ノエシス的側面 46
「ノエシス–ノエマ」構造 7, 44
ノエマ的側面 46

は行
発話思考法 (Think-aloud method) 52
反省機能 46

非数学的コンポーネント (non-mathematical components) 29

フッサール 7
フッサール現象学の方法 42

変数 20
変数が特定されていない場合 20
変数が特定されている場合 20
変数が表示されていない問題 20
変数間の結びつき 40

ま行

モデラー 19
モデル化 19

Memorandum

Memorandum

Memorandum

Memorandum

Memorandum

Memorandum

〈著者紹介〉

松嵜昭雄（まつざき　あきお）

現　在　国立大学法人埼玉大学教育学部准教授 (国立大学法人東京学芸大学大学院連合学校教育学研究科兼職)

学　位　博士 (学術) 東京理科大学 (2015 年 9 月)

略　歴　東京理科大学理学部第一部数学科卒業，筑波大学大学院修士課程教育研究科修了，筑波大学大学院博士課程教育学研究科単位取得満期退学，東京理科大学大学院科学教育研究科博士課程後期修了．
　　　　筑波大学附属駒場中学校 (筑波大学附属駒場高等学校兼務) 教諭，鳴門教育大学大学院学校教育研究科 (鳴門教育大学教員教育国際協力センター兼務) 講師，准教授を経て，現在に至る．

役職等　公益財団法人日本数学教育学会 2011 年 11 月～現在：『数学教育』編集部常任幹事，2012 年 8 月～現在：代議員．一般社団法人日本科学教育学会 2010 年 7 月～2018 年 6 月：年会企画委員会委員 (2016 年 7 月～2018 年 6 月：委員長，2014 年 7 月～2016 年 6 月：副委員長)．Trends in Mathematics and Science Study (TIMSS2011) International Quality Control Monitor 2010 年 10 月～2011 年 3 月．学習指導要領の改善に係る検討に必要な専門的な作業等協力者 2017 年～現在．
　　　　国際教育協力短期専門家 2009 年：アフガニスタン国教師教育強化プロジェクト・フェーズ 2 短期専門家 (「数学教授法」担当)，2016・2017 年：モンゴル国児童中心型教育支援プロジェクト短期専門家 (「算数評価手法指導」担当)．

原場面に着目した数学的
モデリング能力に関する研究
　　フッサール現象学の方法と
　　応用反応分析マップを援用して

(*Study of Mathematical Modelling
Competencies Focused on
Gen-Bamen: Using the Method of
'Phänomenologie' by Husserl, E.
in the Middle Latter Period and
Applied Response Analysis Mapping*)

2018 年 9 月 25 日　初版 1 刷発行

検印廃止
NDC 375.41, 410.7
ISBN 978–4–320–11343–5

著　者　松嵜昭雄 ⓒ 2018
発行者　南條光章
発行所　**共立出版株式会社**

〒112–0006
東京都文京区小日向 4–6–19
電話　03–3947–2511（代表）
振替口座　00110–2–57035

共立出版（株）ホームページ
http://www.kyoritsu-pub.co.jp/

印　刷
製　本　藤原印刷

一般社団法人
自然科学書協会
会員

Printed in Japan

JCOPY ＜出版者著作権管理機構委託出版物＞
本書の無断複製は著作権法上での例外を除き禁じられています．複製される場合は，そのつど事前に，
出版者著作権管理機構（TEL：03–3513–6969，FAX：03–3513–6979，e-mail：info@jcopy.or.jp）の
許諾を得てください．